U0124805

模因机器

为什么社交媒体如此有吸引力

The Hidden
Psychology of
Social Networks

[美] 乔·费德勒（Joe Federer）著

高珂涵 译

中国原子能出版社　中国科学技术出版社

· 北 京 ·

The Hidden Psychology of Social Networks
Joe Federer
ISBN: 978-1-26-046023-0
Copyright © 2020 by McGraw-Hill Education.

北京市版权局著作权合同登记　图字：01-2023-1901。

图书在版编目（CIP）数据

模因机器：为什么社交媒体如此有吸引力 /（美）乔·费德勒（Joe Federer）著；高珂涵译 . —北京：中国原子能出版社：中国科学技术出版社，2024.3
书名原文：The Hidden Psychology of Social Networks
ISBN 978-7-5221-2968-6

Ⅰ . ①模… Ⅱ . ①乔… ②高… Ⅲ . ①模仿—研究
Ⅳ . ① B842.6

中国国家版本馆 CIP 数据核字（2023）第 171214 号

策划编辑	李　卫	文字编辑	史　娜
责任编辑	付　凯	版式设计	蚂蚁设计
封面设计	东合社·安宁	责任印制	赵　明　李晓霖
责任校对	冯莲凤　焦　宁		

出　　版	中国原子能出版社　中国科学技术出版社
发　　行	中国原子能出版社　中国科学技术出版社有限公司发行部
地　　址	北京市海淀区中关村南大街 16 号
邮　　编	100081
发行电话	010-62173865
传　　真	010-62173081
网　　址	http://www.cspbooks.com.cn

开　　本	880mm×1230mm　1/32
字　　数	209 千字
印　　张	9
版　　次	2024 年 3 月第 1 版
印　　次	2024 年 3 月第 1 次印刷
印　　刷	北京盛通印刷股份有限公司
书　　号	ISBN 978-7-5221-2968-6
定　　价	79.00 元

致我的父母，乔（Joe）和凯茜（Cathy），你们用手指涂色实验、后院的自然探险和你问我答的方式充实了我最初的记忆。你们激发了我对好奇心以及有趣想法的追求，我也将在余生中坚持下去。谢谢你们带领我走上这条路。

前　言

本书从进化生物学和心理学的视角分析了美妙又奇异的社交媒体世界。此外，本书还描述了品牌、广告商、影响者以及其他有兴趣了解社交媒体的人创造更好内容、获得更高热度以及制定更好活动策略的方式。但我想以一个简短的故事作为本书的开头。这是一个关于神秘生物、魔法之力、未知大陆的故事，它充满了阴谋、浪漫、冒险与背叛。正如你可能猜到的那样，这是我十二岁时玩一个基于文本的网络角色扮演游戏时的故事，早在我知道"社交媒体"这个词之前。

在《魔兽世界》《反恐精英》《无尽的任务》等游戏出现之前，有一类被称为"多使用者迷宫"（MUD）的在线游戏。此类游戏和任何当下的电子游戏的不同之处在于，它没有图像。我玩的《龙域》游戏，其游戏角色、怪兽以及其他全部元素都是由文本构成的。作为一名玩家，进入一个新区域时，需要对周围的环境、物体、武器、盔甲以及角色（最重要）进行复杂的描述。"多使用者迷宫"类型的游戏是第一种能让大量用户聚集在一起，并在游戏世界中互相发现彼此的游戏类型。

在《龙域》中，玩家们需要进行沉浸式角色扮演，就好像他们真的是那个世界的一部分一样。例如，他们不说"我下线了"，而是说"我回去睡觉了"。玩家们从不使用互联网俚语或者缩写，相反，角色应该用语法正确的完整句子说话。如果语法不正确，那只会是玩家为了角色扮演，在用所扮演角色的表达方式说话。

玩家并不会说"笑哭"（LOL），而是会作为角色，说自己开怀大笑了。因为这完全是通过文字发生的，所以这个体验就像是一部大型的奇幻小说，用成千上万的玩家视角讲述，并完整地呈现在我们面前。是的，你可能会怀疑，当时玩这个游戏的我是个笨蛋，也许现在还是。

一天晚上，我登录了我的角色，这个角色很会隐藏，善于躲在游戏里的各个角落。隐藏是一项可以随时间推移而不断强化的技能，因而低等级的玩家无法感知到同一个房间里的隐藏者。我刚刚"醒来"，就发现我游戏中的爱人和我在同一个房间中，并且她并不是孤身一人。天啊！我的瑞奥尼亚（Ryonia）居然在亲吻另一个男人！我从计算机前站了起来，并开始在我父母的办公室里来回踱步。作为一个笨拙的小孩子，我在外面真实的世界里没有真正体验过心碎的感觉，但在网络世界，我体验到了。

即使当时我处在情绪激动的状态下，我依然明白这是荒谬的。我并不是这个角色，我只是在网上玩这个角色罢了。然而，我大大低估了自己在网络世界的投入程度。仅仅通过我的角色和别人角色的交互，我的心情就从原本如瘾君子得到他的药一般的快乐，变为了沮丧、被背叛和心碎。逻辑上，我明白这一切都非常愚蠢、不真实，但情感上，我却依然无法说服自己。

虽然我花了一些时间才从这段情感的创伤中恢复过来，但这段经历让我开始思考在线上扮演一个角色到底意味着什么。这个奇幻的、虚构的角色也是我的一部分。它与 AIM 即时通 [1] 中的我

---

① AIM 即时通（American Online Instant Messenger，AIM）是美国在线（American Online，AOL）于 1997 年 5 月推出的即时通信软件。——译者注

不一样，也不同于现实生活中的我，但这个愚蠢的角色确实是我的一部分。不仅我在线时的角色和我离线后的角色存在脱节，我在线时的角色本身也存在"分裂"，这取决于我在和谁互动，以及在哪里互动。

我讲这个故事不是为了吹嘘我在早期的爱情生活中有多么成功，而是为了说明在互联网时代，即使作为年轻人，我们也需要了解自己在不同背景下所被期望的诸多角色之间的细微差异。其实社交媒体和《龙域》没有什么不同。我们扮演的角色都是以我们为原型的，但它们通常不能代表现实生活中完整复杂的自我。我们线上的自我和线下的自我是紧密相连的，即使它们是如何相连的还不太明确。本书的一部分内容旨在澄清这个重要的问题：我们各种不同的自我存在什么样的关系？

社交媒体对我们来说代表了一个新的心理上的领域。在我们的大脑看来，脸书（Facebook）、照片墙（Instagram）、推特（Twitter）和红迪网（Reddit）都是真实存在的地方。我们并不只是登录了社交媒体这么简单，我们还会浏览其中的内容。在这本书中你会发现，我会说人们在社交网络"中"是什么样子，而不会说他们"上"网的时候是什么样，因为我认为这是当我们思考自身和社交媒体关系时更为准确的表述方式。

这些社交媒体平台并不仅仅是我们访问的网站或我们打开的应用程序。它们是我们"进入"的地方。如果我们想要融入这些地方的人群中，我们需要习惯他们的文化规范。当我们和同事一起共度欢乐时光时，这大概会和我们跟朋友去音乐节或是回家与家人共进感恩节晚餐时略有不同。同样，我们在脸书上的朋友和我们在推特上的朋友有可能是非常不同的人。我们理解红迪网上的一小段内容和理解领英（LinkedIn）上相同内容的方式也可能大有不同。好了，先不说这个，来说说我。

打我记事起，我就一直对网络很陌生。自从社交媒体成为一个行业以来，我就一直从事社交媒体营销工作。还在我上幼儿园的时候，我就一直想要一台我爸爸那样的计算机。所以我攒着零用钱并做了四年的额外家务，直到我在百思买（Best Buy）①上买来了自己的第一台计算机——一台翻新过的笔记本电脑。高中时，我经常因为把老师和其他同学用设计软件合成一张图片而惹上麻烦。当我开始从事公关工作时，我自愿为一个客户做了一些紧急的新媒体创意，并产生了数千的转发量。很快我就被聘用至一个全是数据专家的新业务团队。自那以后，我在凯旋公关公司、天联广告公司、红迪网等主流机构和平台上建立了一个新媒体创意和战略团队。

对我的众多客户而言，我将用户参与度提高了几个量级，并且许多客户也会将用户参与度的提高归因于我们切实的业务成果。我的广告活动在脸书第三方广告的销售收益中排名前5%，并且我也帮助这些品牌成为拼趣（Pinterest）的年度最佳广告表现者。当我2016年加入红迪网，建立他们的品牌战略团队时，我为许多广告商在当时互联网上最受怀疑的一个社区写了一个品牌参与度脚本。如今，明略行公司（Kantar Millward Brown）的报告称，与平均水平相比，在红迪网上投放的广告活动给投放者带来了2.8倍的提示知名度、2倍的品牌好感度以及用户购买意愿16%的涨幅。

---

① 百思买集团，全球最大家用电器和电子产品零售集团。——译者注

　　这本书将结合心理学的研究成果和理论，这些理论支撑着我的社交媒体营销方法，还结合了真实的品牌和案例研究。出于法律原因以及保护品牌特有信息的需要，我删除了在特定例子中我的角色，但这些活动中大约有一半用到了我的理念并由我实际执行。

　　社交媒体对我们来说是一个非常新的事物，在很多方面都是如此。它出现的时间并不长，特别是当我们把它放在人类宏伟的进化计划中看待时。但我们并不是新来的。从我们分享的内容到我们相处的人，再到我们喜欢的帖子，我们在社交媒体中表达自我的方式仍受制于数千年来支配人类社会生活的相同的心理学与生物学进程。简要地说，这就是本书的内容——了解社交媒体如何融入决定人类生理及文化进化的先天的、根本的驱动力中。

　　本书的核心是一个简单的问题：为什么社交媒体对我们如此有吸引力？为了回答这个问题，我们将从进化生物学的世界开始，在这个世界中"模因"（meme）这个词首先被创造出来。我们将探索想法本身如何像基因复制器一样在整个社交媒体中传播，我们也将对共享驱动型内容往往表现出的一些重要品质进行逆向推导。接着，我们会研究现代心理学之父弗洛伊德的著作，他的本我、自我和超我模型对于理解我们在网上扮演的不同角色有着独特的应用。最后，我们将探索对神经解剖学更为现代的理解，以解释人们如何在社交媒体中形成并表达自己的观点和自我的更广泛的趋势。

　　如果你是正在阅读本书的营销人员或广告商，你可能想知道为什么这个问题如此重要。毕竟，大家的关注点都在社交媒体上——这难道不是我们真正需要去了解的吗？事实上，为了有效地接触存在于不同社交媒体环境中的人们，我们首先需要了解他们从参与这些社交网络中获得了什么价值。戴着头饰、穿着闪亮的衣服可能是融入音乐节的有效方法，但这大概不能帮助我们在度过办公室欢乐时光时去接近其他人。社交媒体礼仪同样微妙，但它没有明显的线索来告诉我们自己什么时候做错了。通过了解我们所希望接触的人们所在的社交媒体环境，我们将更有效地利用我们购买的媒体渠道，制定更周密的策略，开发更优秀的创意，并最终提供更有效的营销。

目　录

第一部分
—— PART 1 ——
模因

什么是模因

模因（meme），这是一个流行用语，每个从事广告、营销和通信领域的人都会讨论它。模因似乎是突然从以太网及其他许多来源自发产生的。尽管互联网总是处于争吵中，但似乎互联网的每个角落在模因的使用与不使用方式上都真正地保持了一致。错误地使用模因就相当于你正在尝试用一门新语言打招呼，但却不小心将别人的妈妈称作了"火腿星球"（ham planet）。"忠告动物"社区（r/Advice Animals）是一个目前仍活跃于红迪网的过去模因文化时代的圣地，如果你曾经访问过这个社区，你就会知道模因文化在使用某些图像、短语、字体、背景等方面具有非常特殊的方式。

如果你很大胆地在"忠告动物"社区发帖但却没有严格遵守社区的发帖习惯，可以肯定的是，你会感受到别人对你网络社交失礼行为的冷淡回避。除非你对自己的行为仔细反思，否则你可能还没有真正明白自己错在哪儿了。虽然对于局外人而言，"忠告动物"社区只是一个配着有趣文字的图片集合处，但是该社区里的每张背景图和相应的标题其实都遵循着非常特殊的结构和公式。因此，除非你有幸创造了一些该社区能够接受的新格式，否则你就相当于在墨西哥中部说汉语，并且你也不在墨西哥的唐人街，而是在杜兰戈，同时，你的手机还没电了。

对于广告商和营销人员来说，模因是不可触摸的宝贵文物，它看似触手可及，但最轻微的触碰都足以让它破碎。事实上，我们中很少有人真正地从内部了解模因文化，并且和其他的文化一样，要骗当地人相信我们也是当地人是极其困难的。幸运的是，亲爱的读者们，我是一个无聊之人并且我很了解这种文化。正如我们在深网①中说的那样，跟着我，因为我将成为你的向导。

让我们先从模因这个词的实际含义开始。当听到"模因"这个词的时候，我们中绝大多数人都明白正在讨论什么话题。一张模因就是一张带有文字的图片或者动图。对吧？模因就是那些明明被广泛使用，但却很少被定义的词之一。纵使在关于模因的学术文献中（没错，确实有关于模因的学术文献），学者们也很少有一致的看法。事实上，在大多数关于模因的讨论中，对模因这个词的实际定义往往只是一个小脚注。通常，当我们说"模因"时，我们指的是一段特别受欢迎的内容。它的内容具有高度共享性、随着时间的推移能够以不同方式重复并且内容本身的格式非常原始或缺乏修饰。数字文化教授、著名的模因研究人员利莫·希夫曼（Limor Shifman）甚至列出了模因的具体品质、类型以及与"动态"相比，什么才是模因等。尽管希夫曼对于模因文化的洞察力非常出色，但我与他在一个基本问题上存在分歧：模因的定义。没错，你刚刚发现自己被卷入了一场书呆子间的战争，所以拿起你的键盘并选择你支持的一边。

---

① 深网：互联网术语，是指互联网上那些不能被标准搜索引擎索引的非表面网络内容。——译者注

1976 年，一位名叫理查德·道金斯（Richard Dawkins）的进化生物学家写了一本名为《自私的基因》（The Selfish Gene）的著作。这部作品旨在向不懂生物学的人阐明进化论的现代化理解，它仍然是目前最受推荐的进化论书籍之一。因为它的受众主要由非生物学家组成，所以道金斯采取了具体措施来解决所谓的大众文化对进化论的理解问题。大多数人可能都熟悉"适者生存"这个词语。直觉上，这听起来像是"适应性最好的植物或动物活得最久"。实际上，道金斯告诉我们，我们需要更加深入地理解这个词语的真正含义。与书名一致，道金斯认为"自私基因"是进化的驱动力，且生存不仅仅只意味着活着。

基因是 DNA 最基本的单位。地球上所有的生命都有相同的 DNA 构建块，只是以不同的序列排序。基因最重要和最神秘的特质是它自我复制的能力。然而，在自我复制的过程中，基因有时会犯错，这被称为突变。大多数的基因突变是无益的，并且会导致新基因死亡。但每隔一段时间，有益的突变就会产生，它会帮助新基因更有效地自我复制并创造新一代基因。

你可以想象有一种特定的 DNA 排列，这种 DNA 组合产生了一种鸟类，这种鸟类以生活在厚厚树皮中的蛴螬为食物。总体而言，鸟类种群的喙的长度有一个平均值，但当你观察个别鸟类时，它们的喙可能略有不同。而喙稍长的鸟类比喙较短的鸟类更可能存活足够长的时间以达到性成熟。在一代又一代鸟类的进化过程中，我们可以预测鸟类种群喙长度的平均值会增长，因为较长喙的基因比较短喙的基因更适合繁殖。就像一本翻页书，上面有每一代鸟类的照片，快速翻页，几乎可以看出一个鸟类的喙逐渐变长的明显进程。这种迷人的幻觉正是由随机的基因突变和自然选择带来的。

道金斯提出的更宏观的观点是，基因是进化过程的真正驱动力。"自然选择"一词实际上是自然"选择"某些基因的拟人化表述，而实际上，自然和环境只是提供了适合于某组特定突变基因存活的环境，而其他基因则不能在此环境中存活。只要我们明白"自然选择"是对实际过程的抽象表达，我们就可以理解这个比喻。

本着拟人化的精神，我们可以说基因们似乎正在竭尽全力成为下一代基因。几十亿年前，在产生地球生命形式最初积累的"原始汤"中，简单的基因在它们力所能及的每一个环境中复制和传播。但能源是有限的，随着基因在地球上不断繁衍生息，环境变得越来越充满竞争。随着基因持续"自我复制"，复制品中的一些变异帮助这些早期基因适应新的能源或在其他基因无法生存的环境中生存。最终，随着一代又一代的复制和突变，基因开始围绕自身构建一种道金斯称为"基因机器"的东西。"基因机器"即植物或动物，它是基因环绕自身构建的一个机器，用以帮助自身繁殖新一代基因（别担心，我保证一会儿就回到模因的话题）。

在提出基因和基因机器模型之后，道金斯将他的研究重点转向了人类。他承认人类进化过程中有些东西是明显不同的。在人类的进化过程中，道金斯发现了一种新的复制器——模因。他将其定义为文化传播的单位：例如想法、歌曲、时尚以及语言等，都是模因的例子，或者更具体而言，它们是模因群。和基因一样，模因也经历了一个进化过程。当我突然产生一个新想法时，一段生理过程会在我的大脑中进行。如果我能找到一种方法向其他人表达这个想法，那么这段生理过程也会发生在他们的大脑中。我的模因接收者甚至可能会改变这个模因，即类似于突变。所以模因不仅仅只是一个隐喻。但想法和基因并不那么相似——它们确实经历了非常相似的复制、突变并且暴露于被选择的压力中。施加在模因上的选择压力很复杂，但这可以在很大程度上简化为模因对其他大脑的吸引力。模因，就像基因一样，通常不会孤立存在，因此，在我们脑海中已经编码过的模因，对接下来哪些新模因会吸引我们具有重大影响。

任何有可能传播的想法都是模因

假设我想开一家只卖温咖啡的咖啡店。没有热咖啡，也没有冰咖啡，只卖温的咖啡。这就是一个模因（或者说一组模因）——一家只供应温咖啡的咖啡店。现在，再假设我正在和你交谈，并告诉了你我的想法。你可能会想："嗯，这真是个坏主意。但开一家只卖冰咖啡的咖啡店怎么样呢……"在某种情况下，一个模因在我脑海中产生，我将它传达给了你。你接受了这个模因，并且在你自己的大脑环境中——即你个人的模因池中——进化了我传达给你的模因。老实说，你进化的模因可能比我的初始模因有更好的传播机会。这就是道金斯提出的人类文化随着时间的推移而共享及形成的过程。当有些想法在我们的脑海中产生时，我们会分享它们，并且随着这些想法被分享，它们自身也会发展。

道金斯的书中关于进化生物学的部分一开始只有 12 页，现在已经成为一个独立的知识领域。"模因"是一种新型复制器的想法在学术界引起了轰动，从这个意义上说，这个关于"模因"的模因就传播得非常成功。然而，道金斯自己提出的评估模因的成功标准之一是"复制保真度"，如果从这一点来看，道金斯的这个"模因"则是一个糟糕的模因。

几十年过去了，不同的思想流派仍就"模因"这个词的含义而争论不休。我敢打赌，你现在肯定认为接下来的几段文字将把你拽入围绕"模因"定义的学术争论。天哪，这听起来多无聊啊。不过放心，我不会这样对你的。这场讨论中唯一重要的部分就是我们对模因的广泛定义。道金斯认为，模因是"文化传播的单位，或文化模仿以及复制的单位"。他使用的例子是"曲调、想法、流行语、服装时尚、制作罐子或建造拱门的方法"。另一位生物学家苏珊·布莱克摩尔（Susan Blackmore）写了一本名为《模因机器》（*The Meme Machine*）的书，她在书中将模因定义为"可以通过模仿进行复制的任何类型的信息"。这个定义因过于宽泛而遭到批评，正如利莫·希夫曼（Limor Shifman）所说："可能缺乏分析力。"希夫曼对模因的定义更加具体，并且他更多地关注互联网通俗地使用"模因"一词的方式。她将模因称为"具有共同特征的数字内容单元，由许多用户在相互认识的情况下创建，通过互联网传播、模仿以及转化"。非常清晰，不是吗？值得称道的是希夫曼还把网络模因称为"后现代民间传说"，这也太真实了。

虽然我能理解希夫曼对布莱克摩尔关于模因定义的批评，但我其实支持让模因的定义保持在一个比较宽泛的程度。就本书而言，我们会说任何可以在大脑之间传播的想法都是模因。或者更简单地说，模因只是一个想法。当道金斯给出模因的例子时，他只强调了成功扩散和传播的模因。这是有道理的，因为他切中要害地指出了成功的模因就像成功的基因一样传播着（图1.1）。道金斯并没有详述那些没能够成功传播的模因，因此他对成功模因的关注有时被解释为只有成功的传播者才是模因。如果我们回到之前生物基因的那个比喻，大多数基因突变实际上是有害的，并且突变基因也无法自我复制。但是那些无法复制的基因仍然是基因。同样，大多数想法都不会持续很久。但幸运的是，人总是有很多想法，并且这个世界上有很多的人，所以，我们玩了个数字游戏来继续发展好的想法。

基因是构成每一种植物和动物的基本组成部分。

模因是构成更广泛的想法和文化的基本组成部分。

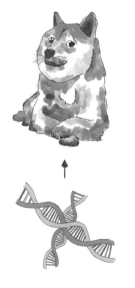

图1.1 基因 vs. 模因

当我们将模因作为特定类型的互联网内容的参考时，我们只是孤立了最成功的复制者。当我们谈论互联网模因时，我们所指的不仅仅是想法本身，还包括了传达想法的格式。例如，我们可能会偶然发现这样一种想法，即人们在拿到工资之前的预算通常都很紧张。但这样的想法并不是一个互联网模因。直到有人发布了一张把金鱼饼干摆在寿司米饭上，旁边是一小撮芥末的照片，并配文说："距离发薪日还有两天。"

实际上，在这个互联网模因中有一个完整的模因复合体，几乎所有的模因都是如此。你可以无障碍地阅读本书这一简单的事实意味着，你不仅掌握了这门语言以及围绕句子结构和标点符号的所有必要模因，并且你还熟悉每个单词背后的思想网络。严格来说，我们试图理解的任何单个模因的背后都是连接在一起的模因复合体。因此，虽然我们会接着把特定想法独立为单个模因去理解，但应该记住的是，模因是依赖其他模因构成的广泛文化网络作为背景的。我们的语言、文化知识、教育以及个人经历都会影响我们处理模因的方式。

对于品牌来说，我们所做的一切都是围绕着模因展开的。除此之外，一个品牌本身就是一个模因或模因的组合。毕竟，模因只是一个想法。作为广告商、沟通者、社区管理者、影响者（无论我们如何称呼自己），我们从事的都是传播模因的工作。无论是"想做就做"（Just do it，耐克广告语）、"我就喜欢"（I'm lovin' it，麦当劳广告语），还是"买我的商品，你这个笨蛋"（Buy my merch, you schmuck），其想法都是每个营销以及交流准则的基础。当我们将互联网模因称为"那些附有文字的愚蠢图片"时，我们真正谈论的其实是用于传达不同模因的格式。

根据道金斯的基因及基因机器的理论框架，我们可以将这些格式称为"模因机器"。对于早期人类来说，我们唯一的模因机器只有我们发出的声音、我们画的图画，以及我们最终发明的语言。现在，当你阅读本书时，你正从这本书中提取模因（希望如此），而模因机器很可能是你手中的实体书，也可能是显示文本的电子书或是你正在听的有声书。

模因机器不断发展以最有效地传达模因

用我最喜欢的一个例子来进一步分析一下，这个例子是特别针对我们这些朝九晚五的人的。我们来谈谈"星期一糟透了"这个模因。不可避免地，在"星期一糟透了"这个模因中包含了非常多的更细小的模因。要理解这个模因的含义，我们需要了解星期一是什么以及一整周的结构。同时我们也需要了解"糟透了"这个词的通俗定义，以及从周一开始工作周的普遍文化现象。我们可以继续挖掘嵌入在这个短语中的越来越细化的模因，但首先假设我们都明白这意味着什么。星期一很糟糕！

事实上，"星期一"已经糟糕了很长一段时间。马可·奥勒留①（Marcus Aurelius）甚至在《沉思录》（*Meditations*）中专门用一部分讲述了"星期一"是多么得糟糕：

> 黎明时分，当你不想起床时，你得告诉自己："作为一个人类，我必须去工作。如果我要做的，是我生来就是为了做的事情——即我被带到这个世界

---

① 马可·奥勒留，古罗马帝国皇帝、思想家。——译者注

上被赋予的事情，我有什么可抱怨的呢？难道这
就是我被创造的目的？只是蜷缩在毯子下贪图温
暖吗？"

有很多电影都在讲述星期一有多糟糕。《上班一条虫》
（*Office Space*）是我的最爱。这部电影于1999年上映，放在今天，
这部电影让人觉得过时的只有主角的服饰、办公室的隔间和电影
质量。在这部电影中，主人公彼得（Peter）似乎无法再忍受星期
一。他讨厌他的工作，星期一代表着他悲惨工作周的开始。表现
彼得对星期一的厌恶的巅峰场景可能发生在电影的开头，当时他
正走近两个朋友的隔间，试图引诱他们早点去吃午饭。一位同事
悄悄跟在他身后，用最俗气的"办公室笑话"语气说："好像有人
得了星期一综合征啊。"彼得感到尴尬，他的朋友们也感到尴尬。
屏幕前的我们也一起尴尬了。唯一比星期一更糟糕的东西，就是
那些关于星期一的、老掉牙的办公室幽默。但不知为什么，数
百万人喜欢看《上班一条虫》这部电影，而这部电影的核心就是
长达一个半小时的关于星期一有多糟糕的笑话。这是为什么？

模因机器与模因本身一样重要。同一个模因可以由两个完全
不同的模因机器承载。而当我们测量它们在传播时的有效性时，
可能会得到两极的结果。那些了不起的喜剧演员就是这一原则的
完美例子。一个厉害的喜剧演员可以给你讲一个你听过一千遍的
笑话，但会以一种让这个笑话包含的想法——模因，变得全新的
方式来讲。一个讲笑话讲得糟糕的人即使是从最搞笑的内容着
手，也绝对无法吸引观众。

当我们作为内容创作者参与社交媒体时，我们非常需要了解

这一原则。在广告和营销中，我们通常会花费大量时间来思考我们想要表达的内容，即模因。但我们却很少对用以表达这些模因的模因机器进行同等的思考。往往我们有一套行业标准规定了我们的表达格式——60秒、30秒、15秒，现在甚至有6秒的视频剪辑格式，我们强迫我们的模因适应这些机器。视频可能是传递模因的正确模因机器，但并非总是如此。

想象一下，我在一个朋友家看电影，这个朋友给了我几部可供选择的电影。其中一部电影恰好是《上班一条虫》。因为我喜欢这部电影，所以我很有可能会选择它。因此，在几部电影之中（电影模因池中），《上班一条虫》对像我这样的人来说是一个可行的模因载体。但我们并不总是在原始环境中遇到模因机器。

如果我正在浏览有线电视菜单，并且发现电视上正在播放《上班一条虫》，但已经放到一半了，那我可能就不会看了。好吧，已经播了5分钟我大概就不会看了。在竞争激烈的有线电视菜单模因池中，《上班一条虫》的缺点就是比普通电视节目长得多。但如果我喜欢这部电影，我仍然可能会观看它。

现在想象一下完整版的电影《上班一条虫》全片出现在我的脸书个性化推荐中。即使我是《上班一条虫》最最忠实的粉丝——当我在写这一段的时候我可能真是——我会坐下来观看一个半小时电影的可能性依然非常低，甚至为零。这是为什么？因为通常脸书和其他社交媒体的个性化推荐是更具竞争力的内容环境。社交媒体信息通过运用编程算法，会提供越来越多有趣的内容，并且随着时间的推移，它们会不断地收集你的参与度数据，从而更准确地预测你会对什么更感兴趣。

这并不是说"星期一糟透了！"这个模因无法在社交媒体信

息流中成功传播。请记住，《上班一条虫》只是众多带有"星期一糟透了！"想法的模因机器其中之一。我们知道一个事实，即"星期一很糟糕！"模因能够并且确实也在社交中传播，例如那些承载着类似模因的互联网模因、笑话、视频等。这告诉我们，模因机器需要通过不断进化，才能在这些竞争愈发激烈的环境中生存下去。

电影是一个相对严肃的模因机器。一部电影要求我们至少保持一个半小时的全神贯注。为了充分吸收电影中的模因，我们不仅需要给予它全部的视觉注意力，还要给予它我们全部的听觉注意力。然后，即使我们已经付出了视觉和听觉注意资源，我们仍会处于一个等待模因传递给我们的被动状态。我们决定不了电影播放的速度，在这个移动设备被越来越多大众传播媒介充斥的世界里，我们很难指望自己能有几秒的全神贯注，更不用说几个小时了。为了让这些模因在社交环境中茁壮成长，它们必须找到一种让自己变得更"轻盈"的方法。我们使用的模因机器必须是轻松的，并且必须非常有效地传递它们的模因。

互联网系统地使模因机器进化得更为轻盈的一种方法是：拍摄一个有语音对话的视频，然后将该场景截图并附上说明文字。就这样，模因机器突然从被动转为主动。当承载着模因的模因机器是附有文本的图片（图像宏）时，作为内容受众的我们会立刻成为模因提取的积极参与者。比起听那些大声播放的东西，我们通读文本的处理速度更快，我们从模因机器中提取模因，然后继续浏览下一个推荐给我们的内容。

我们不必打开手机外放声音或是戴上耳机，也不必点击全屏按钮来观看某些内容。我们只需要滑动屏幕，浏览下一个出现在个性化推荐里的内容。不仅如此，分享带有清晰易读文本的图像是非常容易的。你是否曾经在个性化推荐中看到过有趣的视频，并想将其转发给在该社交网络上和你并没有什么联系的人？一般人几乎不太可能这么做。但是，如果当你试图分享一些图片时，你可以随意地把这些图片保存到本地设备甚至截取屏幕截图。截屏一张图片能够保留它的模因，但对一段视频进行截屏往往会丢失它的原始模因。这在很大程度上解释了为什么效率是网络分享的重要驱动力，模因机器的便捷性是其携带的模因传播效果的重要决定因素。所以，模因机器对模因的生存至关重要。

模因机器和模因本身一样重要

在 2000 年年末至 2010 年年初，有一种特别的模因机器主导了互联网模因文化。那些经常浏览红迪网或 4chan[①] 的人可能已经知道我说的是什么了。网络上集体同意使用 Impact 字体作为模因的通用字体，但对于字体的细节还有更多要求——带有黑色轮廓的白色 Impact 字体。

回顾这段模因文化时期，我们会发现这种字体和格式的一致性是惊人的，并且这绝非偶然。Impact 字体特别粗，即使在乱七八糟的图像背景中也显而易见。结合黑色轮廓，这种字体在几乎任何类型的背景上都清晰易读。不仅如此，当这种格式由于被截屏而丢失分辨率时，图像质量下降对 Impact 字体的影响也不大。模因依然处于可被提取的状态。从某种意义上看，我们可以

---

① 4chan，外国的综合性讨论社区。——译者注

说这种字体风格是为了提高模因机器的终极效率而发展出来的。大而清晰的字体有助于模因更有效地传递，这对于其携带的模因的生存而言是一个有用的特征。

不过很少有品牌会使用这种模因机器，我认为个中原因用曾经与我合作过的一位艺术总监说过的一句话可以很好地总结："但它很丑！"这不是一个不公平的批评，而且我也不反对，带有黑色轮廓的白色 Impact 字体确实并不十分好看。但是，更为我们行业所喜欢的那种漂亮的作品的问题在于：它在传递模因方面效率很低。小字体通常比大字体更漂亮。低对比度文本在广告中更受欢迎。非标准字体通常是一个表达品牌个性的有趣方式，但它们通常会略微损害其内容的易读性。如果你曾在一家拥有创意团队的机构工作过，那么你可能已经体验过"墙上练习"了。我们会将所有创意作品都放在墙上进行总体评估。在这样的环境中，即当我们处于一个孤立的状态专注于工作时，我们可能能够说服自己，我们的作品——在浅粉色背景上的漩涡状白色字体，是非常清晰的，我们能够无障碍地阅读它。但问题是我们并不是在谈论是否有人能够阅读它，而是在谈论是否有人愿意阅读它。根据脸书的数据，移动设备端的用户平均每条内容的阅读时间为 1.7 秒。所以，即使阅读这种花哨的字体只需要多耗费半秒的时间，这就已经是我们能够从用户那里获得的整体注意力的 30% 了。用户们试图在不处理模因的情况下直接提取模因。沟通效率是模因在社交媒体信息流成功分享的至关重要的因素。

在社交中推动分享以及提高用户参与度的部分挑战，是确定最优的模因机器来承载我们的模因。想象一下，现在我们是生物学家，我们的任务是研究出一种在黑暗中会发光的青蛙以及这种青蛙在特定环境中存活的可能性。我们有两个可能的方案。第一，我们会尝试从头改写青蛙的 DNA。稍微放一放你的怀疑，现在只是在假设我们实际上可以做到这一点。我们会先对一群不同的青蛙进行研究，然后基于这些研究编写我们想要的 DNA 序列，嵌入一些在黑暗中发光的基因。这个方案的问题在于，基因之间以及基因和环境间的相互作用在实验室条件下很难明显呈现。看似随意的特征实际上可能对某些被我们忽视的，关乎青蛙生存的方面至关重要。这些特征也可能以某种方式影响着其他重要基因，并且这种影响不是立刻就能有明显效果的。

第二个方案则是将青蛙带出它生存所需的环境，并将在黑暗中发光的 DNA 植入其自然进化的遗传密码中。通过这样做，我们利用了进化过程，而不是在实验室环境中重新创造。

同样的策略也适用于模因。那接下来的内容和青蛙就没什么关系了，好吧，别管我刚才说的，和青蛙还是有关系的（这句话是送给你的，青蛙佩佩①。很遗憾你被白人至上主义者给劫持了，但你确实是一个很好的模因）。这是我们作为社交媒体广告商需要学习的一课。当我们评估一个生态系统——一个社交网络，并希望找到一种让我们的模因生存和发展的方法时，了解哪些内容在该环境中能够自然地成功传播，对我们来说很重要。虽然作为一个行业，我们口头上会说我们希望我们制作的内容在感觉上"和这个渠道的风格非常吻合"，但我们在进行创造性回顾的时候，却很少将我们为品牌制作的内容与那些驱使人们自发分享的

---

① 青蛙佩佩，源自所绘制的一幅漫画，一般被刻画为有青蛙头部但是人形身体的生物，青蛙佩佩的含义和用途是随时间而改变的，它有很多变体，例如悲伤蛙、感觉不错蛙等。——译者注

内容进行比较。更多时候，我们进行比较的对象是自己的竞争对手，而他们往往并不比我们更熟悉这个环境。

这并不是说每个品牌都应该试着将其最新的产品宣传强行转换为德雷克模因（Drake meme）[①] 格式。广告和营销领域的影响者们"劫持"模因的情况并不少见，他们将自己不伦不类地强插进最新的话题标签或是互联网模因中。而这么做却没有提供任何价值的品牌，往往会出现在那些专门取笑它们的社区中。互联网模因文化非常特殊，并不是每个品牌都可以或者应该参与互联网模因文化。不论我们是否渴望参与模因文化，将青蛙带出它生存所需的环境并试图弄清楚是什么在起作用，都会给我们带来更多益处。在模因文化中发展的模因机器是进化的产物，无论其中包含的模因有没有价值，只要模因机器在有效地传播，我们就能从中学到些东西。

即使互联网模因文化有时如此荒谬、可笑甚至无礼，它仍然能够教我们一些创建分享驱动型内容的宝贵原则——从模因机器的制造方式到模因的物理特征，再到模因的传递。每一天，用着父母的计算机上旧版 Photoshop 的孩子们都设法创造一些能够吸引数百万人的内容。如果他们能做到，那我们的专业设计师、摄影师、文案人员、策略顾问、营销专家、传播专家和社区管理者团队也能做到。我们可以通过创造引人入胜的内容来提高模因的传阅率，或者至少可以更有效地传递我们的信息。

---

① 奥布瑞·德雷克·格瑞汉，歌手、词曲作者，其专辑封面及 MV 画面经常被当作模因素材，且流传很广。——译者注

✍ 要点总结

- 传统生物学意义上的模因只是一个"思想单位"或"文化单位"。

- 模因机器是用于传达想法或模因的格式。

- 为了让我们的品牌信息（模因）有效地推动用户参与度，我们应该以最简便、最易得的格式（模因机器）来表达它们。

- 在不同类型的社交网络中的成功的模因机器之间差异很大。问问自己"什么样的内容和格式在该社交网络中会成功？"

模因和模因机器

模因格式的重要性

如果你在 2014 年打开脸书或是照片墙，你很可能会看到你的朋友正将一桶冰水倒在他头上的视频。2013 年春天，一个被称为渐冻症冰桶挑战赛（ALS Ice Bucket Challenge）的运动引起了巨大轰动，并成为社交网络界的一种流行趋势。这个概念被完美地设计成了一种社交网络病毒式传播。该运动背后的想法是提高人们对渐冻症的认识。为了做到这一点，人们将一桶桶冰水倒在自己身上或同意这么做的朋友身上。每个参加渐冻症冰桶挑战赛视频的结构都相对一致："被提名者"告诉我们是谁提名了他们，然后将冰水倒在自己头上，接着提名其他人。它的搞笑镜头令人忍不住观看，模因也通过提名不断传播，并且这是为了公益事业。这种三管齐下的病毒式传播方法非常成功，这一趋势在大约一年的时间里蔓延到世界各地。

渐冻症冰桶挑战热潮的结束，恰好与脸书平台的一个有利时机相吻合。在脸书早期的发展中，基于图像和文本的内容是动态推送中最常见的格式。大多数广告也是如此，因为这些类型的帖子往往会带来更高的用户参与度。对于脸书而言，让用户参与帖子并留在平台上，意味着更高的广告曝光以及更好的使用数据。这就是脸书在内容算法上花如此大功夫的原因——由于每天都有大量内容上传到脸书，所以确保最吸引人的内容能够出现在人们动态推送的顶部是一项重要且困难的计算。在脸书拥有自己的视频播放器之前，该平台上的几乎所有视频实际上都是油管（YouTube）[①]视频的链接，而油管是归脸书的宿敌——谷歌（Google）所有的。视频帖子和链接帖子（将流量发送到站外的两种帖子）在人们的动态推送中占比非常小且格式很简陋。无论是出于用户行为还是脸书自带格式的限制，链接和视频并不像图片和文字帖子那样需要关注。

　　在 2015 年 5 月的某个平平无奇的一天，当我在工作日打开脸书时，我注意到了一些奇怪的事情。在我的新闻推送中，前 10 个帖子里有 7 个是视频帖子，但它们不是油管视频的链接，而是脸书自己的视频，其中有许多是渐冻症冰桶挑战视频。当时，我在芝加哥的天联广告公司担任网络社会策略顾问，管理十几个品牌页面。对于那些不熟悉天联广告公司的人来说，它只是《广告狂人》（*Mad Men*）中邪恶又强大的对手——被唐·德雷珀（Don Draper）杀死的巨人歌利亚（Goliath）[②]。这个机构以制作精美的视频内容而闻名于广告界。但在我任职期间，我是办公室里令人讨厌的声音，质疑公司在社交网络空间中的这种做法。毕竟，能够自然地推动最大分享量的内容是基于图像的，我通过分析数十个页面上的数百个不同的脸书帖子向我的团队证明了这一点。我经

---

① 油管，外国视频网站。——译者注
② 源自《圣经》中被男孩大卫用石子射杀的巨人歌利亚。——译者注

常观察脸书新闻推送算法的变化，因为 2018 年 11 月，脸书对品牌页面进行了灾难性的改变，导致我的大多数客户的自然覆盖率降低了 90% 以上。我非常困惑，为什么我的脸书推送中突然收到了这么多视频内容？

这一变化令我非常震惊，以至于我在并不经常更新、现在看来多少有些令人尴尬的博客上发布了一篇帖子。我甚至预测，在接下来的几周内，脸书将开始向我们团队吹捧视频消费的新"趋势"。帖子发布了大约一周后，我收到了来自脸书销售代表发来的一封电子邮件，内容是人们在平台上观看的视频比以往任何时候都多，还附有一堆关于人们每天观看的时间与不同类型帖子的互动等有趣数据。由于智能手机的大规模使用以及不断改进的手机摄像技术，脸书开始强烈建议将视频作为推动参与的首选内容格式。

很难不让人揣测，这种趋势至少部分是人为的。是的，我就是有点阴谋论。脸书几乎用完了大多数品牌分给社交媒体本就不多的预算，这对于我们行业的人来说已经不算什么秘密了，而这只是一般品牌庞大电子支出的一小部分。但是电视预算呢？那才是真正的大头支出。就脸书迄今为止所有广告预算而言，电视广告支出使社交媒体和其他数字广告支出相形见绌。事实上，直到2019 年，数字广告支出才超过电视广告支出。当然，电视广告全部都是视频广告。通过提高平台上的视频使用数据，脸书可以把这一趋势当作一种有机视角，建议更多的广告商去使用视频内容。这为各类品牌打开了一扇门，让他们可以把用于电视宣传的内容稍加调整后，用于社交媒体。除此之外，许多品牌已经在努力创造一些不错的社交媒体创意，所以许多广告商听到这个消息时并不感到意外。

为了利用这种算法变化，一种新的视频格式开始随着影响者一起出现在脸书页面中。那些流行内容创造者开始在他们的视频中添加文本，基本上使用的都是互联网模因文化中流行的老式Impact字体格式。有时，这些文字是为了给视频中说话的人配上字幕；有时，这些文字只用于为视频添加上下文。如果我们要用广告创意的视角评论这段视频内容，我们可能会指出字幕文本是多余的——任何人都可以通过调节设备音量的大小来听到所说的内容。如果目的只是给视频补充上下文，难道不应该在脸书的文案段中呈现这些内容吗？虽然这些建议看上去完全合理，但不可否认的事实是，很多像这样的，看似冗余的视频积累了大量的分享和观看，而这是大多数广告内容不能做到的。

利用有机模因机器以融入不同的社交媒体环境

如果我们试着从进化的视角来理解这一点，我们看待内容的方式会略有不同。就像我们在前一章中所说到的夜光蛙一样，我们并不能认为自己完全理解了是什么推动着一段内容"病毒式"传播。我们需要抛弃那些看起来像是常识的看法，只需承认这个进化的产物已经成功地传播了。我们不一定要使用它，但我们要问问自己：从中能学到些什么？我们能把这段内容拆分吗？我们可以从它的成功中得出什么理论，然后用在我们自己的内容里？不论这些内容初看起来质量有多低、有多平凡、荒谬或是愚蠢，内容选择的进化过程都已经决定了这个东西将是赢家。除非我们在社交媒体上发布的每一篇帖子都产生了数十万的参与度，否则我们或许应该用谦逊的态度看待这些问题，我们中的大多数人在创作分享驱动型内容方面还有很多东西要学。

当我们孤立地看这些字幕视频中的元素时，其中许多特质不可避免地会让人感到多余。但从用户的角度来看，这些冗余的元素在传递视频想法方面却非常有效。对于内容来说，社交媒体的推送流是一个竞争极其激烈的环境。当一部分内容看起来很无聊或是没能获得人们的注意力时，另一部分内容会立刻做好准备，紧随其后。当人们在充满竞争的推送流中浏览内容时，视频会要求他们的行为发生巨大变化。

假设我们在看手机，点开一条视频会要求我们戴上耳机，打开声音，并点击全屏观看。然后，我们就耐心等待视频播放。如果视频的前几秒很无聊，那我们做这么多准备工作，就是为了退出视频看下一段内容吗？通过为视频添加字幕，用户将无须打开声音。这意味着在公共空间或安静的地方观看视频的任何人都可以访问视频中的模因，这是其他没有字幕的视频做不到的。

某些情况下，对于特定的主题而言，视频形式是有效的。有大量研究支持这一点。事实上，某些形式的视频在社交媒体推送中传播得非常好。gif 动图，本质上是无声视频，在互联网文化中得到了非常好的反馈。流行的 gif 动图往往会直切主题，并且能够被社交网络用户在对话以及回复中直接使用。渐冻症冰桶挑战就是一个完美的视频内容示例，它通过和 gif 动图相同的方式吸引观众。虽然渐冻症冰桶挑战赛的视频往往是有声音的，但它们像 gif 动图一样，会立刻切入娱乐点（或至少是悬念），并且观众也完全可以在不开声音的情况下享受视频内容。当我们要创作特别生动的内容或是要展示以视觉和动态为导向的东西时，视频和 gif 动图可以非常有效地传递那些静态图像无法传递的模因。

这里的重点是，视频不应该是我们创作的内容的唯一类型，也不应该总是我们创作的默认格式。在电视和油管上的视频效果特别好，是因为它们生来就适合这些环境。看电视时，人们通常处于一种被动状态，理论上，他们已经付出了视觉注意与听觉注意。当电视广告在人们观看的内容之间播放时，这种承接是很自然的——它不需要改变人们的行为来传递信息。油管是一个比电视更具竞争性的环境，但由于人们打开油管通常就是为了看视频，因此视频广告在这个环境下给人的感觉也很自然。然而，在大多数社交媒体中，当目标是有效率地传达一个想法时，视频格式就成了一种累赘。视频当然依旧可以在这些社交媒体推送流中取得成功，但这些视频都面临着在各种环境中被选择的压力。社交媒体推送流是活跃的——人们手动刷新着帖子，而不是被动地等待内容被推送给他们。文本、图片、gif 动图和类似gif 的视频相比之下是更为活跃的模因机器，它们跟随着观众的节奏。

要弄清什么内容最具影响力，先确保你衡量成功的指标是正确的

虽然我们机构的创意团队和我们的脸书联系人都想推动我们的内容策略向视频形式转移，但我仍持怀疑态度并组织了一个实验。这个实验是公司内部辩论的顶峰，在很多方面这也是广告行

业内部辩论的缩影。一个品牌在社交媒体上的成功有多大程度上是被内容的格式决定的？幸运的是，这次实验的时机恰逢我们为客户在社交媒体领域进行内容创作，这个客户是我们在社交媒体领域最成功的品牌之一。

这个客户是一个家喻户晓的品牌，和大众消费品行业大多数品牌面临着同样的问题。该品牌的产品质量优秀，品牌不断创新技术且取得了成功，其品牌名称已经成为其类别的代名词——就像我们将绷带称为创可贴一样。那这个品牌面临的最大的问题是什么？零售商自有品牌以及杂牌在质量以及模仿创新方面做得越来越好了，并且其价格只是大品牌的一半。这已经不是一个单靠广告就能解决的简单问题了，因为许多大众消费品牌都有着一个特殊的问题，即消费者主要在货架上购买产品，而在那儿价格差异是显而易见的。取得成功意味着要深深打动消费者，以影响他们在商店做的决定。

一年前，我们为这位客户进行了一场大规模的品牌重塑。通常情况下，品牌重塑总是为时已晚，像是为了复兴那些已经长期衰败的品牌而做出的最后努力。但这位客户的情况并非如此。之前品牌的内容策略是针对货架问题制定的，这合乎逻辑。该品牌的广告旨在突出其产品与那些"廉价"产品在质量以及创新方面的差异。这也有道理，对吧？但是这个策略的问题在于它的内容非常无聊。当我们的团队对多年的广告内容进行回顾总结时，看到了一个统一的公式。几乎每条广告内容都是一个并行的产品比较。如果你曾在看电视的时候睡着了，然后在长达 5 小时的电视购物广告节目声中醒来，我们对传统品牌广告内容的回顾有点像这样。改变是必要的，但如果我们不以强调产品优势为中心，人们怎么会选择我们客户的产品而不是那些更便宜的竞争对手的产品呢？答案来源于一些特别成功的帖子，是我的团队通过了法律和创意审批流程，从一个固定客户那边"偷师"来的。有些时候，专注于一个并非每个人都关注的领域其实是值得的。

我们没有选择向人们展示为什么我们客户的产品是最好的，而是向人们展示如何更好地使用这个产品。我们的广告内容是关于如何新颖有趣地使用产品。因为这个产品几乎无处不在（几乎每个人的储藏室里都有），我们以发布生活小妙招和食谱的方式来向人们展示如何以意想不到的方式使用该产品。这些内容有非常可观的分享量，为接下来我们进行更深入的品牌重塑提供了参考，我们开始思考这些内容应该如何应用于电视、出版物以及其他电子渠道。由于品牌重塑已经是板上钉钉，并且大家对内容的主题都达成了普遍共识，真正的考验将是内容格式的选择，即一场模因机器之战。

在为一个季度的内容拍摄了静态和动态影片之后，我们设计了一个简明的小测试以确定格式对参与度的影响有多大——更具体地说，它对用户参与度与有机覆盖率的影响有多大。我们从上一批创造的社交媒体创意中回收了一个特别成功的内容，并为它制作了4种不同的版本。我们为这个概念制作了两个版本的视频——一个是长版的，大约1分钟；一个短版的，大约15秒。我们在品牌的网站上发布了一篇关于这个概念的文章。我们还拍摄了一张简单的照片，上面叠加了文字内容。每个版本都有着同样多的曝光量。

你可能可以凭直觉感觉到哪个会是最成功的。叠加了说明性文字的静态图片带来了与视频版帖子相比，4 倍的点赞量、3 倍的评论量和 2 倍的分享量。点赞、评论和分享是用户在脸书上与帖子互动的主要方式，这似乎是个非常明了的案例了。但遗憾的是，脸书相关人员给出的分析数据不支持我的看法。

脸书相关人员称，短视频比任何其他内容形式都更具吸引力。这是为什么？决定因素在于细节，或者说，在这种情况下，决定因素存在于脸书对视频帖子用户参与度的定义中。对于脸书上的大多数帖子类型（图片、状态更新和链接帖子）来说，脸书会根据帖子产生的所有点击量计算参与度。点赞、评论、点开帖子中的图片或是打开链接等操作都会被计算进参与度中。但对视频参与度的计算有点特别。只要视频在用户的动态推荐流中被自动播放满 2 秒，它就会被算作一次参与。因此，当脸书相关人员声称视频是最具吸引力的内容形式时，严格意义上说，这句话并没有错。他们只是在误导别人所谓的"参与"到底是什么意思。

现在，关于我们是否应该把参与度放在第一位，有一个合理的争论。毕竟，点赞了某个帖子并不代表消费者买了此产品。对于在社交媒体中的品牌而言，这是一个基本问题，同时也是一个复杂的问题。也就是说，真正的参与应该是创造收益的。真正的参与意味着扩大受众范围。当人们与脸书上的帖子互动时——当他们喜欢、评论或转发某些东西时——他们会创造所谓的"故事"。"故事"指的是一个通过他人互动可以点进原链接的帖子。如果你曾经在脸书上看到过强调"某某对此发表评论"的帖子，那么其实这就是我们正在谈论的那种"故事"。不幸的是，脸书提供的参与度指标实际包括了许多与扩大受众范围无关的额外操作。

考虑到这一点，我的团队创造了自己的参与度计算方法，专注于衡量有可能扩大受众覆盖面的行为。公式是点赞、评论和分享的总数除以总覆盖率。我们还将分享作为最高程度的参与，将评论作为中等程度的参与，将点赞作为最低程度的参与。因为我们发现每个操作都会按照这个参与程度的顺序，由高到低地扩大受众范围。这个简洁的参与度指标让我们团队能更直观地看到哪些内容实际上推动了影响力。答案呢？在这种情况下，依然是基于静态图像的内容。

我们改变了社交媒体策略，使其专注于创造以产品和用户真正参与为中心的内容。两年后，我们发现我们创造的内容不光带来了大量的媒体购买，还带来了额外10%的产品印象增量。每年花费数百万美元的社交媒体支出，获得10%的增量覆盖，对于企业而言是有实际价值的。此外，第三方合作伙伴的研究表明，在他们评估的其他脸书广告活动中，我们的投资回报率处于前95%。同样的内容设计方法也使我们成功地在参与度和受众范围方面成为拼趣广告阿尔法（alpha）和贝塔（beta）计划中的佼佼者。我们在拼趣和脸书发布的帖子的合集甚至登上了红迪网的首页：一个用户收集了我们发布在社交媒体上的图片，并将它们做成相册发布到红迪网的生活妙招社区（r/Lifehacks）。通过优化内容，使其尽可能简洁且内容完整，我们确保了我们想要传播的模因在一代又一代的分享中依然保持完好无损，不论是在它原始的社交网络中还是其他地方。

✐ 要点总结

- 模因机器与模因一样重要。一段内容的格式与内容的主题一样重要。

- 在创造品牌内容时，寻找一些已经成功产生有机参与的类似内容，并在其中寻找灵感。

- 乐于跳出广告商舒适区（即视频）。试一试新格式与表达信息的新方法，你很可能会发现新颖且更有效的，用于分享信息的方式。

- 使用和现实价值相关的指标来评估一段内容的表现。人们的社交行为以及受众范围都是有助于衡量信息传播成功程度的常用指标示例。

- 只要有可能，内容应该在"完整的模因机器"中被分享，让人们可以直接在他们的动态推荐中提取一条内容的价值。

进化的模因机制

使用户参与最大化的五大原则

当社交媒体开始成为一种广告渠道时，它重燃了许多品牌对扩展口碑营销的希望。在那个时候，脸书对品牌的说辞类似于"来建立你的粉丝页面，你的粉丝会向他们的朋友宣传你的品牌！"然而，口口相传的营销概念并不新鲜。很显然，口头推荐早已成为我们文化中不可或缺的一部分，早在营销成为一门学科之前就已经出现了。口头推荐是我们宣传对我们有价值的东西的自然方式。19世纪70年代，一位名叫乔治·西尔弗曼（George Silverman）的心理学家开创了这一概念的一个知名模型，他曾推销某种医药产品。在与医生的销售讨论小组中，西尔弗曼注意到"一两个对药物有良好体验的医生会动摇一整群怀疑论者的观点，他们甚至能够动摇一群用过该处方且因负面体验而感到不满的人！"抛开反乌托邦式的医疗行业氛围不谈，几十年来，口碑营销一直吸引着营销人员。如果做得好，它似乎比任何其他形式的营销都更有效。但它的发生是几乎不可能预测的，更不用说它会凭空产生了。

虽然脸书关于将品牌粉丝转变为品牌传道者大军的承诺没

能在每个品牌中实现，但也不乏一些品牌将社交媒体独特的传播能力运用到工作中。许多早期的"社交媒体大师"对品牌非常缓慢地采用社交媒体渠道进行推广而感到沮丧，但实际上这种"低优先级"确实带来了一些好处。由于大多数品牌帖子一次只能吸引几千人浏览，因此许多营销组织在审核方面会较为宽松，并且愿意尝试一些不会在传统广告渠道中做的事情。这样，社交媒体团队不会被过于规整或过于品牌化的创意所束缚。内容创造的周期通常是不定的，且产量低，这使得与之交互的人会感到内容更轻松，也更自然。如今，品牌的社交媒体团队由设计师、文案人员、策划人员以及分析师构成。在多年前，只有极少数品牌的团队是这样的。现在，对于一个大品牌来说，将其社交媒体的管理权交给一个 22 岁的年轻人几乎是不可想象的，但这正是我职业生涯的开始。

随着社交媒体逐渐发展为可行且可扩展的广告渠道，各品牌的预算不断增长，内容制作得也变得更加精致，战略规划框架也逐渐就位。虽然这些新资源极大地拓展了社交媒体活动的各种可能，但在测试中学习的魔力已经消失得七七八八。社交媒体提供的机会中，有个最容易被我们忽视的，就是在将内容发布给广大受众前，测试、迭代以及优化内容的能力。那些自然的帖子就像焦点小组一样，充满了各种最有可能与我们品牌内容互动的人。这意味着我们可以测试不同类型的内容和同一内容的不同表现形式，从而了解哪些内容与格式能够最有效地利用我们投入的资金。

这个"在测试中学习"的过程对于每个品牌来说都是不一样的。我们都面临着来自品牌认知、品类趋势、竞争品牌等各方面的不同挑战。我们每个人都有责任去发现哪些模因和模因机器将最有效地传播我们的品牌。对拥有大量追随者的品牌有效的方法可能并不适用于新品牌。对外表亮丽的新创业公司有效的方法，也可能不适用于百年老品牌。但这并不意味着我们必须从零开始。

不论品牌、品类或是目标受众如何，一些创造社交媒体内容的原则都是适用的。本章对我的团队在过去十年间的社交媒体品牌建设中的一些重要经验作了高度概括。我已经将这些原则应用于为不同成功等级及规模的品牌进行社交媒体战略规划。这些原则需要从你的特定品牌的角度进行诠释，但它们应该适用于品牌发展的任何阶段。这些原则的基础源于可以进行测试、迭代和改进的任何品牌。良好的销售业绩也证明了这一点。

1. 提供价值

提供价值听起来很简单，但这可能是我将要介绍的五个原则中最细致和最重要的一个。了解什么能够提供价值，意味着我们的视角不再以品牌为中心，而是批判性地看待我们正在制作的东西。当我们的工作和生活都是围绕着这些品牌展开的时候，这其实并不是一件容易的事儿。我们必须问自己这些问题：如果我们并没有为这个品牌创造内容，但这段品牌内容出现在了我们的动态推送中，我们会留意它吗？我们会停止滑动屏幕看下一条内容吗？我们会点击转发按钮吗？原因又是什么？提供价值意味着给人们呈现一些东西，让他们有理由去分享或与之互动。

提供价值看起来表述得好像非常直截了当，但对于不同品类、品牌、目标受众和社交网络媒介而言，"价值"的确切含义本身都可能会非常不同。价值可能意味着给人们一个有用的工具——一张包含真实有用信息或想法的说明书，教人们使用产品的新方法。价值可能意味着为人们提供一些有价值的东西，让他们在朋友面前有一些帮助他们在社交空间中定义自己的东西。价值可能意味着轻松、令人振奋或者仅仅是有趣的内容，让我们的观众笑到想和他们的朋友一起分享这样的笑话。价值甚至可能意味着在人与人之间建立一种共享的情感连接。 如果一个品牌始终如一地为它给潜在粉丝群体发布的每个帖子增加价值，那么它会不断地提升参与度和自然影响力。但如果增加价值是件容易事儿，那我们都早就拥有庞大的粉丝群体了。

我们可以将提供价值概念化为两个垂直轴——一个轴从"标签性"到"标志性"，另一个轴从"共情性"到"激励性"（图 3.1）。标签性内容利用社交媒体推荐的令人眼花缭乱的动态

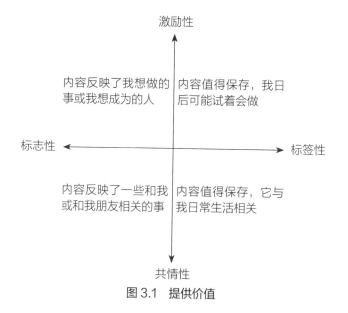

图 3.1　提供价值

来发挥其优势。当我们偶然浏览到一些内容且不想忘记它们时，我们常常会给它们添加标签，避免以后找不到这些内容。出现在我们动态推荐中的内容及其形式可能是完全无法预测的。我们都有过令人懊恼的时刻，我们往回翻，寻找不知道为什么不见了的帖子。这种添加标签的行为包括了脸书用户点下分享键以保存帖子以便日后回看，亦包括了红迪网用户留下评论以提醒自己某些特定内容以及对话。

同轴上与"标签性"相对的，是"标志性"内容。用户可以通过这些标志性的内容向朋友表达自己。并非每个品牌都能创造一些标志性内容，但它看起来也没那么独特。为了找到一个品牌的标志性特征，我们需要了解该品牌对我们想要分享的人的象征意义。清洁产品可以代表有序的家庭，鞋履品牌可以象征我们内心的运动员。我们穿的衣服，我们喝的酒（或不喝的酒），甚至我们购买的水杯品牌都在告诉别人一些关于我们的事情。"标志性"内容旨在利用这种表达方式，并且它们是基于消费者对于品牌的现实评估的。

在另一条相交的轴上，内容从"激励性"转向"共情性"。共情性的内容与我们的生活如此贴近或者真实，以至于我们会通过这个内容与我们的朋友联系。如果一段共情性内容同时是共享驱动性质的，那它的能量会非常强大，因为它将品牌置于人和人之间的联系点上。诙谐和轻微自嘲的幽默作为共情性的内容非常有效。共情性内容的问题在于它要求品牌承担风险。作为营销人员，我们常常被训练成保持百分百的积极性，而有时创造一些实际能让观众共情的内容需要我们把积极性降低至60%到70%。这只是一个大概数字。

激励性内容通常会让我们感觉更舒服。这些内容帮助我们表达自己的理想、目标、愿望。田园风光、崇高的理想、内心认同的价值观和励志故事都是激励性内容的例子。

这个模型的每个象限对于将共享驱动型内容概念化而言都是可行的，并且哪个品牌应该选择使用哪个象限（或多个象限）在很大程度上取决于品牌本身。高端品牌、奢侈品牌以及那些喜欢精美摄影，或是潜在用户已经非常渴望能够拥有的那些品牌，可能会倾向于内容的激励性。想要减少严肃性的品牌——那些想要引起共鸣或是想要拥有更多打动人的个性的品牌，会尽可能不让自己看起来太严肃。它们会通过古怪或是另类的幽默来吸引人们的注意力，它们往往会在共情性方面取得成功。

我们不会指望百威淡啤（Bud Light）会让超模穿上高级时装来宣传他们的新易拉罐包装，因为该品牌以引起高度共鸣、近乎闹剧般的幽默而闻名。同样，路易威登（Louis Vuitton）发布自嘲表情包可能也会让人觉得不恰当也不和谐，因为该品牌通常是那么严肃并且充满激励性。这并不是说路易威登不可以使用幽默，其实它确实巧妙地运用过幽默。在路易威登2019年春季广告中，由著名街头服饰设计师维吉尔·阿布洛（Virgil Abloh）设计的新配饰首次亮相，剪辑中穿插着一些坦率的时刻。视频展示了一位身着商务休闲装的模特泰然自若地脱下夹克并朝着镜头丢出他的夹克，但却不小心扔过了头，当他意识到自己的失误时，他大笑起来。整个视频依然充满激励性，但这个可以引起观众共鸣的小插曲提升了这段广告的亲民性。对处于"共情性-激励性"纵轴两端的知名品牌而言，偶尔偏向另一端常常会使观众感到惊讶并吸引他们。

在"标志性-标签性"的横轴上，内容会更加灵活，因为品牌可以在这个范围内轻松移动的同时，也保持其品牌个性的一致性。倾向于创造更多标志性内容的品牌可能更为成熟，或者属于一个成熟的商品类别，因为一段内容想要成为标志性内容，需要人们在公共场合展示它。在脸书上转发上文提到的路易威登的广告视频就是一个标志性内容的例子。转发者通过这段视频，向他们的朋友展示了自己的时尚品位。路易威登的服装并不总是简单的徽章。例如在红迪网的男士时尚建议社区（r/MaleFashionAdvice），男人们分享他们的时尚建议和灵感，以及各种所谓的时尚展示，即潮流时尚的摄影与插图的集合。当用户自己创建的时尚展示中分享了一件路易威登的服饰时，那这个有关路易威登的内容就会被用作新服装收集、新配饰设计甚至拍摄姿势的参考。在这种情况下，比起标志性，这个内容反而更具标签性，因为它此刻是作为一种有切实用途的资源被使用的。

标签性内容特别适合新的且有竞争力的品牌，但它也可以被广泛使用。标签性的内容可用于突出品牌独特的差异因素——竞争对手产品使用的成分与我们使用的成分的对比，哪种面料在哪种条件下最适用，如何使用（或破解）某些产品的功能，如何创造或改进食谱，等等。大多数社交媒体营销人员都没有充分利用这种内容的信息层次，因为我们被教导将我们的信息切分成小块。但是，当我们评估哪些类型的内容带动了最多的分享时，标签性内容表现得非常好。标签性内容具有为品牌信息提供真实性和透明度的额外效益，前提是信息要准确，因为标签性内容旨在澄清某些事情。

当一个品牌所呈现的价值的很大一部分是品牌本身时，这个时候，标志性内容往往是一个很好的选择；当一个品牌面临用户复杂性的挑战时，例如家居品牌、网站托管平台或虫害防治品牌等，标志性内容的神秘力量不仅可以推动用户分享，还有助于简化复杂的品牌信息，从而提升品牌形象。

当一段内容值得添加标签时，受众希望将其保存下来以备后用。生活小窍门就是既具标签性又具共情性内容的完美例子。生活小窍门即展示一个我们都熟悉的物品的新使用方式。例如把松饼罐倒过来，在上面烤玉米饼来制作塔可沙拉。生活小窍门为大家熟识的世界带来了一些新鲜感。当这些小窍门解决了大家都面临着的，但却又很少有人提起的大小问题时，它们就会引起人们的共情。那些对我们的日常生活来说普遍有用的内容非常适合此模型的这个象限。

当标签性内容由我们熟悉的世界转移到我们渴望的世界时，它也可以是激励性的。激励性和标签性内容在精美的自己动手项目（DIY）中交汇，我们知道我们可能永远不会真正"动手"，但它看起来还是很有吸引力。谁知道呢，或许有一天我会真的抽出时间来制作葡萄酒软木塞和浴室防滑垫。复杂的食谱、漂亮的家居装饰、绘画艺术、音乐、幕后花絮、汽车改装指南和化妆教程，都是适合不同受众的既具标签性又具激励性的例子。

当内容包含对观众的社会价值时，它就会变得更具标志性。我们的观众将向他们的网络好友展示的内容就是标志性内容。什么会使内容具有标签性？对于不同类型的社交网络、不同人群以及不同心理特征来说都是不一样的——照片墙上的标志性内容与推特上的标志性内容可能是完全不同的，我们在脸书上转发的内容与我们在领英上转发的内容也可能是完全不一样的。标志性很大程度上依赖于品牌认知度。当认为自己的品牌是一个廉价品牌时，我们可能就不会在激励性方面取得成功。但共情性且标志性的内容则可能给我们带来成功。每个人都喜欢在社交媒体上刻意扮演一个与众不同的人。同样，如果我们的产品被大众认为是一个精致的高档品牌，那么那些朴素的共情性内容可能就不会对已经听过我们品牌的观众产生影响。

当一段内容同时具备标志性和共情性时，它通常很有趣且能够引起人们的共鸣。红迪网上的反应动图社区（r/ReactionGifs）是一个提供既具标志性，又具共情性内容的引擎，尤其对处于匿名空间中的人们而言。来自反应动图社区以及其他互联网模因中心的内容会经常被传播到推特和照片墙上，以至于红迪网用户可以对这一现象发表评论。通常，这种幽默是自嘲的、夸张的，并且与大多数人相关。温蒂汉堡（Wendy's）和汉堡王（Burger King）等快餐品牌往往会使用标志性且共情性的内容来打广告，并取得了不错的效果。

温蒂汉堡被认为是模因文化俱乐部的一部分，因为该品牌成功地将自己融入各种潮流趋势中，是自然地参与而非强行加入。当一个被称为"拍打车顶"（Slaps roof of car）的网络表情包流行起来时，温蒂汉堡的参与虽然晚了一步，但它依然成功地拥有了11000多次转发以及61000多的点赞。这个网络表情包的要素特点是一个二手车推销员在与潜在客户交谈，对话真实得仿佛自带声音，"这件宝贝可以装下这么多____"，其中"____"可以填入各种模因和笑话。也许最初遵循这种格式的汽车推销员说，"这件宝贝可以装下这么多意大利面"，这里引用了另一个互联网模因，即把缺乏社交技能比作"口袋里装着意大利面"。这个模因最早出现在 4chan 上，当一个人讲述一个严重的社交失误的故事时，这个错误可能被描述为"意大利面条从我的口袋里掉了出来"。我没有遇上过这种事。我只是告诉你们这意味着什么。

温蒂汉堡闻风而至，并且在流行版本的势头已经平淡下来以后，它创造了一个新版本，用温蒂汉堡的标志覆盖住汽车推销员的脸。温蒂汉堡用"这个坏家伙可以装下这么多死了的模因"来概括它。这是一个元笑话的完美实施——一个关于模因的模因，并且在结尾处，它的推文副本附着一张写有"买我们的奶酪汉堡"的图片。这其实是一个关于它自己推文的冷淡且自嘲的笑话，好像在说："当然，我们是模因文化的一部分，但我们只是为了向你推销芝士汉堡罢了。"尽管看起来不合逻辑，但互联网欣赏这种激进的、能引起共鸣的、有点自嘲的坦率。一般来说，当品牌利用互联网模因文化时，它就在模型的这个象限中。成功创造标志性且共情性的内容通常要求我们不要太严肃，即愿意进行一些品牌自嘲。

你看过那些俗气的日落照片，上面写着鼓舞人心的至理名言，看起来就像是奥兰多旅游商店里的东西吗？就是那些你的阿姨每天都忍不住在脸书上分享的帖子，或者你妈妈在照片墙上经常点赞的那些帖子，"因为它们象征着正能量"，这就是在激励性纬度上极具标志性的内容。我们展示这些内容并不是为了试着与其他人建立社会关系，而是为了向世界定义我们的理想自我。当内容过于偏向激励性纬度时，比起展示理想自我，我们更多的是在吸引他人的眼球。激励性且标志性的内容为社交媒体上的人和品牌带来了大量关注。一般来说，品牌与影响者合作就倾向于模型中的这个象限。我们喜欢的体育明星的名言、我们关注的职业游戏玩家发布的帖子、我们希望我们可以穿的服装以及我们希望我们可以参加的活动都是激励性–标志性领域的例子。当看到反映了我们想成为的人的内容时，或者更准确地说是我们希望朋友认为我们想成为哪样的人，我们就会被既具激励性又具标志性的内容吸引。

要理解什么样的内容对不同的受众有价值，再次回到有机内容的世界是很有帮助的。对于我们正在创建的内容类型，大众化的兴趣驱动团体存在吗？什么样的内容在这些社区中会受欢迎？该领域的影响者们应该如何创造内容？他们的评论区是什么样的？如果这些影响者和社区并不存在，那么类似的内容会出现在什么地方？如果我们完全没办法找到和我们品牌的内容相似的流行内容，那么我们很有可能偶然发现了一个创造全新内容类别的巨大机遇。但更有可能的是，我们正在考虑的内容类型是存在的，但是在传播方面并不成功。

2. 设计模因机器以增强模因的价值

针对记者的一个普遍批评是：他们写了 10 篇精彩的文章，却"把最重要的部分，放在文章不显眼处"。在竞争激烈的以社交网络为特征的内容环境中，当代记者面临着与品牌宣传者类似的问题。"17 种意想不到的可以杀死你的食物（难以相信！）"这种未经修饰的清单体格式常见于嗡嗡喂①（Buzzfeed），新闻从业者对此的观察与我们作为品牌宣传者对互联网模因文化的观察是一样的。尽管我们喜欢批评那些被我们称为"标题党"的内容，但

———————

① 嗡嗡喂，一个美国的新闻聚合网站。

我们不能否认它在吸引注意力方面的有效性。一篇文章的格式是相对固定的——它由标题引入，以网页的形式存在，通常通过其能够传播的社交网络来区分。品牌内容在格式方面更为开放和多样化，但我们同样需要避免"把最重要的部分放在不显眼处"的做法。作为品牌，我们通常很擅长找到我们的吸引点，但是我们在内容中体现它的方式往往过于僵化。我们所选择的，用于承载我们品牌模因的模因机器应当帮助我们强化吸引点。

尽管这看上去是策略性的，但创造品牌内容时最常见的错误之一就是将帖子的文本字段视为标题。想象一下，我们有一个分享新食谱的食品品牌。大多数品牌都倾向于拍摄精美的食物照片，将编辑好的照片上传到帖子中，并使用社交媒体平台的文本域为食谱命名或是添加关于食谱的文章链接。当我们单独评估内容时，这种方法是有意义的。类似于具有影响者针对脸书对视频内容的优先排序，而开发的互联网视频内容模因风格，当社交网络媒体提供明显的文本字段时，在我们的图像及视频中添加文本或解释可能会让人觉得冗余。但从用户的角度来看，一段内容如果充分包含有价值信息并且突出最引人注目的模因，那它将会更容易传递。

例如，当用户点击脸书上的分享按钮时，系统会提示他们编写自己的文本。仅就视觉格式而言，这段新文本的优先级会比原始推文文本的优先级高，后者可能常常沉在帖子的底部完全看不见。通过这个，人们可以获取一段内容并将它变成自己的内容，如果我们对用户参与感兴趣，那这正是我们希望通过我们的品牌内容可以做到的。如果我们依靠社交网络的文本字段来传递有关我们内容的核心——比如如何创建我们的食谱，那么这些信息很容易在几代的分享中丢失。这并不是说我们在平台上所写的文本字段内容不重要，但我们需要重新构建一下我们的思考方式。

我们上传到社交网络的任何东西（通常是图像或视频）都是内容。我们在社交网络平台的文本字段中所写的东西就是我们对这些内容的看法。标题、关于如何制作某物的说明、理解笑话或其出处所需的上下文背景以及其他任何对释放帖子价值有用的信息，都应该出现在内容之中。我们设计内容的方式以及我们使用的格式应该为我们所提供的价值起积极作用。为了优化内容以实现用户分享，内容应当是高度概括的（图 3.2）。测试一段内容是否充分包含了我们提供的价值的一种方法，就是忽略所附的文案，只看内容本身。内容自身是否可以理解？我们能理解所传达的信息吗？如果有人转发并在社交媒体平台的文本字段中写下自己的评论，内容本身的模因会保持不变吗？

不完整的模因机器
这个帖子并未体现内容的实际价值，需要点击链接才能看到完整食谱。

完整的模因机器
这个帖子直接体现了内容的实际价值。它是完整的，因为内容价值被完全包含其中。

图 3.2　模因机器

在创建高度概括的内容时，需要达到一个微妙的平衡。虽然大多数品牌的内容都过度倾向于视觉上的吸引力而缺乏一些深度，但内容也有可能因包含过多信息变得冗长且无趣。将内容概念化至具有视觉上的层次结构是非常有益的。它确保了内容仍然具有吸引力的同时，又为内容保持独立价值留有了足够的上下文。在层次结构的第一级是我们认为会引起人们注意的东西。我们会选择食谱的标题，还是成品的效果图，又或者是成分表的图像来作为层次结构的第一级？层次结构的第二级就是在吸引受众注意的基础上，传递内容。对人们注意力的吸引是一种承诺，一旦我们得到了关注，就需要履行我们的诺言。这个食谱凭什么拥有这么吸引人的标题？我们是如何得到效果图上的成品的？把这些成分放到一起会做出来什么呢？

在视觉吸引力和有价值信息之间达成平衡的一种有效方法是，关注传达相近类型模因的内容的例子。针对食物内容，我们可能会查看像拼趣那样的平台。在拼趣上，我们发现那些最成功的美食博主，往往会做制作美食的每一步示意图甚至是简易的食谱卡片，将食物图片与食谱说明相结合。通常，这种内容的效果会因为创作者使用了较长的内容形式，解释了内容的细节与细微差别而得到加强。这就是这些内容创建者在信息深度与可分享性之间取得平衡的方法。如果食谱、服装搭配或是笑话的内涵都包含在像图片这样简单的东西里，人们就可以转发、保存和截屏，同时也不损害嵌入其中的模因。

当我为一家大型创意公司工作时，我将来自数十个品牌的数百个帖子分为两种类别：概括性内容及需要额外上下文解释的内容。当所有信息都包含在帖子的内容中时，用户黏性提高了11

倍，获得的用户数量提高了 35 倍，内容分享增加了 46 倍。结果令我的团队非常沮丧，因为他们讨厌这种他们创造的美丽图像被文字污染的方式。例如调整模因机器以包含更多信息这样简单的事情，可以对社交网络内容的表现产生深远的影响。特别是当我们确信一个想法具有推动传播的巨大潜力时，测试各种模因机器以找到简洁、效率、深度和品牌创建之间的最佳平衡是值得的。

3. 通过叙事元素为人际联系创造空间

讲故事具有的力量是不可否认的，对于广告商来说，讲故事也完全不是一个新的概念。当信息以故事的形式呈现时，人们会更好地记住它。一些心理学家推测，人类的心理结构会随着人类讲故事的传统一起进化——我们的基因和模因在进化历史进程中结合在一起。讲故事的形式会对信息的吸引力及其在记忆中的存储有明显的影响。事实上，沃顿商学院市场营销学教授黛博拉·斯莫尔（Deborah Small）的一项研究发现，在慈善捐赠方面，慈善机构讲述的故事类型将对捐赠结果产生巨大影响。在一系列实验中，研究人员给参与者 5 美元，由 5 张 1 美元纸币组成；然后研究人员向参与者提出书面的慈善请求，要求他们将 5 美元分配给他们认为最值得得到捐款的慈善机构。尽管研究人员的指导语中明确建议参与者在做决定时理性思考，但人们最终向那些讲述个人故事的慈善机构的捐款次数，始终多于那些提供深层视角以及统计数据，以说明钱款将如何影响大规模群体的慈善机构。

当我们听到一个关于年幼的梅西（Messi）买不起她上学需要的书的故事时，我们可能会比听到关于梅西和她的弟弟，或她的表兄弟们、父母、社区、城市以及国家的信息时捐更多钱。学术界将这种现象称为"可识别受害者效应"（identifiable victim）。一个需要帮助的人往往比一堆需要帮助的数字更能激发我们的同情心。对于品牌（尤其是大品牌）而言，要找到与其对等的，真实且相关的个人故事并不总是那么容易。关于这方面，还有一个非常重要的教训。

在讲故事方面，社交媒体带来了一个独特的问题。在电视和印刷品上，按照顺序讲故事是可行的，因为我们可以控制人们看到我们内容的先后顺序。但是，在社交媒体中，个性推荐中的内容对我们而言都是如此个性化，以至于要讲述一个连贯的故事是很困难的。一般来说，我们应该尽力使我们的内容更具情节性。不论观众从哪里开始浏览，内容都是易于理解的且有价值的。我们还面临着一个问题，即观众对一个内容的注意是很短暂的，这使得讲故事变得特别困难。

大多数时候，社交媒体并不会给我们足够的空间讲述一个冗长、完整的故事。但是，我们依然可以利用叙事元素，使我们的内容更加令人难忘。受众对我们讲述的故事的认同感可以推动用户参与以及分享内容。当我们向人们介绍一个全新且有趣的 DIY 项目时，向人们展示一个有意思的成品是叙事的一个重要部分。一个吸引人的成品宣告着装配过程的胜利结束。但是我们可以通过展示完成成品前的每一步骤来构建一个更为引人入胜的叙事。通过展示实现目标的不同步骤，人们得以通过这些具体的信息进行想象。

在一份操作说明书中，我们想让看似复杂的东西变得简单，或者我们想让一些看似简单的东西传达一些更为复杂的内容。如果我们与影响者们合作，我们会希望强调他们为我们制作的内容，我们也希望他们会直接与其粉丝群体宣传我们的合作关系。深入了解我们为何决定与这些影响者合作，以及他们的故事与我们的品牌精神一致的地方，并让观众了解这些影响者在荧幕后的样子，这些都是我们能够加强叙事的方法。幕后故事会使我们精心制作的内容让人感觉更加真实和人性化，特别是当它提供了内容制作的流程时——花絮、失误、谈话等。叙事元素以强有力的方式帮助我们的内容更加人性化。

即使是像我们的标题或是我们用于描述内容的形容词这般简单的细节，都可以提供微妙的叙事元素。当你在谷歌上搜索一个食谱时，例如辣菜食谱，你有没有注意到结果很少有你在餐厅菜单上能找到的食谱？我们看不到"辣牛肉"或是"今日例汤——辣火鸡汤"这样的结果。排名最靠前的结果中只会有"简单、完美的辣菜食谱""最好吃的辣菜食谱"和"独家辣菜食谱"等。郑重声明，这是我在搜索"辣菜食谱"时实际出现的前三个结果。像"简单"和"完美"这样的形容词告诉我们，制作过程不会很难，但最后成果是值得期待的。像"最好的"这样的最高级形容词也是吸引人们探索的强大动力。没有必要过于深入地分析，搜索"最佳辣菜食谱"有近481000000条搜索结果。在"辣菜食谱"之前加上"独家"是增加个性化的明显方式。我们可能不会使用"独家"作为品牌内容的描述词，但如果我们与博主合作开发辣菜食谱，将我们的帖子命名为"——（博主的名字）的秘密家庭辣菜食谱"，这自然会使内容更令人难忘以及有趣。

在竞争激烈的环境中，简短的内容会增加观众对叙事的接受度。我管理的其中一个品牌受邀参与了拼趣的阿尔法广告发布计划，并凭借拍摄精美的食物内容迅速成为平台上的佼佼者。在分析该品牌表现最佳的帖子时我们发现，近 60% 最具吸引力的帖子就是那些展示流程步骤的帖子。尽管我们喜欢精致的、编辑过的、简简单单的摄影图，但展示有用的、有时是乱七八糟的流程步骤或是幕后花絮，会使人们与内容更加接近。想办法使我们的内容更人性化，减少加工雕琢的感觉，让人们参与进内容之中，因为他们是可以成为内容创作的一部分的。

4. 为特定的目标或行为开发内容

尽管我们喜欢想象我们的思想是最前沿的进化技术，但我们更复杂的大脑结构是建立在数百万年前的基础结构之上的。像这样的古代遗物有一个被认为是"鳄鱼"或者"爬行动物脑"，因为它与现代鳄鱼的大脑非常相似。这种爬行动物脑具有极快的反应速度。当我们遇到新事物时，它是第一个被激活的系统。作为猎物，对不熟悉的以及意料之外遭遇的迅速反应对我们的生存至关重要。当我们遇到新事物时，爬行动物脑会做出迅速判断：我们想吃它吗？还是逃离它？又或是杀了它？显然，我们不想与它交配，除非……？

这种爬行动物脑不单单会在生死攸关的情况下发挥作用，它也是事物传达给我们需经历的第一组过程，我们通过这组加工过程过滤我们所经历的一切。当我们感觉到某物很有吸引力时，我们就会被它吸引。当某些东西吸引我们的爬行动物脑时，它会开启更高层次的思维过程，让我们能够更深入地探索大脑的社交与逻辑中心。同样，如果某些东西对我们的爬行动物脑构成威胁，我们也会立刻逃避它。如果你曾经导出一份脸书的分析报告，然后看到电子数据表中的数十个选项卡和数百个数据点，你可能会觉得自己需要立刻逃离。除非你是一名数据科学家，或者有驾驭大量数据的诀窍，否则原始的社交媒体数据分析可能会让人不知所措，并感到难以驾驭。哪些数据是我们应该关注的？哪些数据又是应该被忽略的呢？"谈论这个话题的用户"和"参与这个话题的用户"区别在哪里？参与率是如何计算的？什么是"观点"？我刚才收到新的短信了吗？推特是不是给我发推送通知了？

有一种可以吸引爬行动物脑并避免被加工过程被过滤掉的方法，就是简化呈现在观众面前的内容。当我们创建内容时，我们应该有一个特定的目标，并尽可能地简化它，以让观众按照这个目标行动。通常，我们只想要观众的参与——点赞、转发等。有时，我们希望人们观看整段视频或是点进文章链接。在创作过程中牢记我们所需的特定行为可以简化消费过程。当我们在创造内容时，把特定的目标行为放在心上，我们应该衡量内容能够在多大程度上实现目标。

我们从主流社交媒体平台上得到的大量数据，在正确使用的前提下，是非常有价值的。但社交创意团队往往缺乏提取该价值所需的技能和资源。社交媒体平台的面板向我们提供的相对不太透明的"简易"分析加剧了这个问题。这些面板一般都缺乏有价值的情报。为了真正利用好提供给我们的数据，我们需要分离出几个衡量内容成功度的关键指标。一旦我们确定了对不同类型的内容而言成功到底意味着什么，我们就有了更为清晰的衡量方法。

选择关键绩效指标（KPI）往往是一种直截了当的方法。我们想要一个帖子做什么？将适当的关键绩效指标与不同类型的内容相匹配是非常重要的，只用大多数社交媒体平台提供的所谓"参与率"指标来衡量所有内容是不对的。我的大多数团队都针对不同类型的帖子分别评估了三到五个关键绩效指标。当我们发布旨在提高用户参与度的内容时，我们会使用另一个参与度指标，我们称其为"真正参与度"，因为它仅衡量有益于推动用户覆盖的操作。对于视频内容而言，我们主要关注观看指标，并同样使用"真正参与度"指标作为次要关键绩效指标。对于旨在推广、推动销售的帖子，我们会将点击率指标（CTR）作为衡量内容成功度的定向指标。对于漏斗式的下一层目标，大多数成熟的广告商拥有比简单的点击率指标更为强大的测量系统，但是，除非这些系统深度融入了我们的社交媒体优化过程，否则这种更深入的报告结果会大大晚于其他社交媒体分析出来的结果。与之类似，用户参与驱动型内容通常会由第三方进行研究衡量，从而探索其对品牌好感度、亲和力、意义等的影响。这些研究是我们作为品牌，广泛学习议程中的重要组成部分，但它们的结果出来得太慢了，没办法帮助我们决定这周的五个帖子中，有哪些帖子应该进行付费推广的问题。

我们选择的关键绩效指标并不必须是完美的。它们只需要让我们的战略、创意以及社区管理团队不断朝成功进行调整。通过为特定类型的内容分离一至两个关键指标，我们向每个人阐述了成功的定义，并且我们在内容周期中实现了更为深入的学习。很多时候，社交媒体创意研讨会设定了某些目标，但又不给出明确说明。我们也就常常在没有真正定义我们意思的情况下，谈论帖子带来了多少"参与"。某些操作对我们来说是否比其他操作更有价值？如果我们必须选择一个我们希望获得成功的指标，那会是哪一个？这个过程可能会让人觉得明明是完全多余的，但是一旦将这些目标纳入创造过程并进行相应的衡量，它会为每个参与其中的人带来更为频繁且更为深入的顿悟时刻。

与不同类型内容相对应的关键绩效指标应直接纳入品牌的社交策略中——我们在这个框架之上进行创作。在审核创意时，应当明确说明帖子的类型及其相应的关键绩效指标。帖子是否旨在提高人们的参与度？还是旨在提高转发量？或是点击量？或是讨论热度？或是下载量？还是评论量？这不仅能够帮助我们指导每个人对帖子的反馈，还让我们能够根据这些目标对内容进行评估。我们旨在推动用户分享的帖子是否在用户的整体参与方面取得了成功，但却在推动内容传递方面失败了？它带来了怎样的用户参与？什么样的帖子在推动内容传递方面获得了实质性效果？如果我们比较一下这两种帖子，我们会发现什么区别？

绝大多数传统广告创意人员对于将分析思维融入创意过程的做法都会感到陌生，但这也是只有社交网络才能提供的独特优势。分析性复核也是一个很有趣的过程。传统广告业会训练其创意团队重视行业奖项，而非内容的实际表现，但当帖子超越了我们设定的关键绩效指标时，这当然也是值得庆祝的！如果观众喜欢我们的帖子，我们一样会分泌多巴胺，并把这份兴奋带入创作之中。当我们庆祝这些胜利时，我们自然也会开始思考成功背后的原因。在奖励表现超出期望的团队、庆祝胜利时高声欢呼的同时，我们也要分析内容的成功因素，并试着缩短每条内容的开发周期。

5. 保持品牌内容的一致性与独特性

史蒂夫·布西密（Steve Buscemi）在一所高中的走廊上漫步，

他反戴着帽子，穿着乐队 T 恤，肩上扛着一块滑板。他走近一群学生，问道："同学们，你们好吗？"我没有权利在此处附上布西密的照片，但是如果你不认识他，我可以简要介绍一下，他可能是这个星球上看起来最年轻的名人。这个时长 4 秒的场景来源于一个叫超级制作人（30 Rock）的节目。这个场景被红迪网认为是一个对社交媒体中品牌的完美比喻。红迪网上有一个非常活跃的社区，名字叫毛头小子（r/FellowKids），该社区记录了一些品牌拼命融入社交媒体世界的故事。

典型的毛头小子时刻有：你的银行使用表情符号或者热议词条发布更新，或是当你附近的餐厅贴上写有"笑哭"（LOL）和"天呐"（OMG）的标志时。毛头小子社区收集了品牌在刻意吸引年轻观众的过程中丢失了原本的自己的证据。但毛头小子社区的帖子并不全是一些品牌的糟糕尝试——当品牌真正掌握了互联网模因文化后，他们很可能会发现自己被毛头小子社区置顶了。这里如果不提及温蒂汉堡可能会产生一些误导，因为该社区会定期夸赞温蒂汉堡的帖子。温蒂汉堡有一种融入互联网文化的诀窍，以至于它的内容接近于元幽默——有关互联网内部笑话的笑话。

或许碧然德（Brita）是在毛头小子社区上活跃的，更出人意料的品牌之一。没错，你在大学里用来过滤伏特加的滤水器品牌，因为你的朋友曾说它可以去味。你没有吗？只有我这么做？不论如何，碧然德创作了一系列红迪网广告，其灵感来自一个名为"入门包"（starterpacks）的互联网模因。入门包是一组宣传照片、低分辨率谷歌图像搜索结果或描述人或情境刻板印象的简单短语。"每个便宜的意大利餐厅"的入门包往往都包含一个胖乎乎的意大利厨师雕像、红白格子桌布、铺着薄蜡纸的薄柳条篮里装满大蒜面包、片红辣椒器以及帕尔马干酪刨丝器。碧然德创作了一系列入门包，包括"我正在努力省钱"入门包，其中包括一个痛苦地看着厨房炉灶的人、一部老旧的手机、一辆破旧的汽车、求职栏中的期望年薪为"很多"，当然，还有一个碧然德水壶。标题写着："'我正在努力存钱'，来自你的朋友碧然德的新手包（毛头小子社区，我们来了！）"

意料之中，毛头小子社区截屏并讨论了这些广告，毛头小子社区似乎真的很惊讶碧然德居然知道它们——"我们被他们发现了""他们开始变得有自我意识了"。然而，碧然德还没有停手，在毛头小子社区的初始讨论浪潮之后，碧然德在红迪网上制作了一个新广告。但这不再是一个入门包了。碧然德在毛头小子社区中收集了100多张红迪网用户帖子的截图，并将它们放入相册中，写道："哇哦！红迪网！毛头小子社区中居然有100多个关于我们的帖子，并且数量还在不断增加，多么受宠若惊！记得把你的碧然德过滤水壶装满，这些盐肯定让你感到口渴（Salty）①了吧！"真实地深入互联网模因文化，使用略带自嘲的语气，并且不被一些吐槽帖子所困扰，碧然德传达的品牌内容出人意料地得到了来自红迪网核心社区之一的大量积极关注。

并非每个品牌都可以（或者应该）尝试融入网络模因文化。但正如我们所探索到的，每个品牌都可以从网络中的流行内容中学到一些东西。利用流行的模因机器的平衡点在于，最终的内容需要为品牌所有。在社交网络上发布受欢迎的帖子固然很棒，但从营销的角度来看，只有将其归功于品牌的作用才是值得的。我

---

① Salty，咸的或有趣的，是那些有趣的吐槽贴的双关语。——译者注

们的社交网络内容应试着在更宽广的品牌定位以及战略框架内，尽可能地吸引人。

有一些简单的方法可以确保我们的内容可以追溯到我们的品牌：使用一致的品牌字体、忠于我们的品牌声音，包括在我们的内容中使用一些品牌标志，并确保我们发布的任何内容与我们的品牌是息息相关的。我们应该在确保内容的概括性的同时，不丢下品牌元素。我们的品牌应该嵌入模因机器本身。

✎ 要点总结

- 为用户体验提供有价值的内容将不断推动用户参与和内容传递。

- 我们用于体现品牌信息的模因机器应当旨在尽可能高效、流畅地传递信息。

- 在内容中嵌入微妙的叙事元素会使其更加令人难忘并打动观众。

- 创建内容时要牢记我们期望获得的某种用户行为，并在整个创作过程中始终关注该目标。

- 在最大化用户参与的同时，保持品牌视角的一致性；在保持战略基础不变的同时，实现创新。

第二部分
—— PART 2 ——
社交媒体与其不满

使用我们的模因

理想自我、受控自我、真实自我

2014 年，一位名叫齐拉·范登·波恩（Zilla vanden Born）的荷兰平面设计专业学生在东南亚度过了为期 5 周的假期。正如千禧一代①在 2014 年经常做的那样，波恩在她的脸书主页上记录了她的假期。她发布了一些图片——异国情调的食物、入住酒店的豪华大门、她坐在佛教寺庙的僧侣旁边，以及与热带鱼一起浮潜的捕捉镜头，现在这类图片已成为旅行内容的标准配置。这看起来像是一个所有大学生都向往的假期——异国他乡、全新经历、田园诗般的照片，以及这些内容背后的社会资本。但在假期结束后，波恩分享了一件令人震惊的事情。她其实根本没有离开过她生活的小镇。

食物照片是在当地的泰国餐馆拍摄的。她用一些床单和圣诞彩灯装饰了她的卧室，使它看起来像一个酒店入口。这座佛教寺庙实际取景于她所居住的城市——阿姆斯特丹。她在公寓大

---

① 指 1984—1995 年出生的一代人，进入 2000 年（千禧年）以后达到成年。——编者注

楼的游泳池里浮潜，并在背景中添加了一些看起来像热带鱼的元素——这真的把她学习的平面设计活学活用了。波恩的事情引起了国际关注，当被问及她为什么不辞辛苦假装度假时，她说："我这么做是为了向人们表明，我们过滤并操纵了我们在社交媒体上所展示的内容，并且我们创造了一个与现实远不相同的网络世界。我的目的是证明扭曲现实有多么普遍且容易，但我们经常忽略一个事实，即每个人在自己的生活中也能操纵现实。"

有一种流行的观点认为，社交媒体让我们每个人都在吹牛——我们抓住机会误导我们的家人、朋友以及粉丝，让他们认为我们生活得比他们更好。这是一种非常阴险的人性观，但我不认为它有那么阴险，即使社交媒体确实扭曲了现实。社交网络为我们提供了充足的空间，让我们可以用各种方式表达自己。对于许多社交网站来说，这意味着我们创建了一个与我们的真实身份相对应的个人档案——使用真实姓名，分享自己生活的真实照片，和认识的人建立联系。

当面对这样的社交网络时，自然而然地，我们倾向于发布关于我们生活亮点的内容。我们只用在线上分享的模因来定义自己，这替代了线下生活中界定个人特性的实际物理特征。我们所说的话、发布的内容、分享的视频，都类似于数字服装，是我们在社交网络中"穿戴"着的模因。我们也许并不会刻意地对模因进行选择，但我们使用的模因会向社会群体定义我们。个人社交媒体资料充当着人们的生活目录，我们在其中毫不掩饰地展示自己的线下生活。因此，自然而然地，我们会有目的地展示一些美好的时刻、有意义的回忆以及其他相关的内容与文化，从而塑造社交网络中的自我定义。

即使我们并非故意塑造这种"精彩集锦",但是通过这样的过滤器看待世界还是会带来很多心理学上的问题。许多心理学家认为,频繁使用社交媒体与焦虑及抑郁之间存在明显的因果关系。虽然可能会有人觉得这是危言耸听,但值得注意的是,社交媒体对于人类进程时间轴来说,是全新的。进化生物学家估计,现代人类已经存在了 26 万至 35 万年,而社交媒体已经存在了大约 20 年。如果说,整个人类的存在是一部电影,那么社交媒体大概只能在屏幕上出现半秒。我们的大脑以及在进化中产生的社会交互机制适应了这种新现象。

互联网对于我们大脑的社交功能来说来势汹汹。在人类史上的大部分时间里,人们都是生活在 100 人至 250 人的部落中。因此,人类学家认为,人类能够维持的"稳定关系"的人数上限约为 150 人,这通常被称为邓巴数字。在研究不同灵长类动物的社会生活时,人类学家罗宾·邓巴(Robin Dunbar)发现灵长类动物的大脑大小与其社会群体的平均大小之间存在相关性。而人类拥有最大的灵长类动物大脑,并维持最多数量的稳定关系。这并不是说一般人只能记住 150 个人。正如邓巴所说,稳定关系是"如果你碰巧在酒吧遇到他们,你能不请自来地加入进去喝一杯还不会感到尴尬"。如果这真的是稳定关系的定义,那我可能只有两个这样的稳定关系,其中之一还是我的猫(爱你,玛蒂尔达)。

与邓巴数字相比,2016 年脸书的人均个人资料显示,平均一个人有 155 位好友关联。根据 2018 年的数据,平均每个社交媒体用户还维护着 8 个不同的社交媒体平台的个人资料。不难看出,我们正在不断提高我们的社交认知能力,使它远远超出极限。我们在网络上拥有的"朋友"比我们实际拥有的朋友多得多。尤其是当我们使用一个需要实名认证的社交平台时，这种进化就相当于透过窗户偷看我们的邻居。至少，我们的大脑是这么认为的。我们得以一瞥与我们有关系的人的生活，并且前面说过，人们有一种使用这些渠道来发布自己生活的"精彩集锦"的倾向，由此，我们发现自己陷入了一个难题。

无论是否有意，当我们通过社交媒体评估自己时，我们都在将自己充满起落的复杂生活和其他人的精彩片段进行比较。在进化上，我们被训练成与邻近的人比较来评估自己，因为我们可以通过这种方式学习到有用的信息。如果我们的邻居在种植庄稼方面比我们成功得多，那么窥视一下他的不同的种植方法对我们而言很有用。或者，更准确地说，从进化的角度来看，那些偷看邻居如何种植庄稼的人比那些不偷看的人更有可能存活下来。

具有更好社会意识的人更能与他所处的群体保持一致，人类的社交倾向被认为是人类相对于掠食者及其他灵长类动物的一个重要竞争优势。我们在进化角度上的近亲——尼安德特人比人类更强壮，比人类更早使用工具，并且比人类拥有更大的大脑。但是，尼安德特人却在大约 40000 年前灭绝了。关于尼安德特人灭绝原因的理论围绕着人类的社交与合作能力展开这一点被普遍接受。一些研究者甚至认为，人类对狼的驯化（可以说是跨种社交的一个方面），在使它们比尼安德特人更具优势方面也发挥了重要作用。我们会敏锐地意识到集体以及融入其中的方法——这就是人类如何思考的一个基本部分。

因此，当社交媒体为我们提供了了解邻近之人生活的新窗口，而他们几乎全在发布一些精彩生活时，我们就很容易得出结论——我们没有那么成功，没有那么有吸引力，也没有那么快乐，等等。讽刺的是，经常看这些精彩生活会对我们的心理健康产生明显的负面影响。英国最近一项研究结果表明，在过去25年里，得抑郁症的年轻人数量增加了70%，一些研究人员将其归因于社交媒体。同一项研究表明，63%的照片墙用户表示他们在使用该平台后感到痛苦，这高于任何其他社交媒体网站。这项研究做到了一件许多社交媒体研究没有做到的事——它将不同社交平台的影响进行了分层。

关于社交媒体如何影响人们心理健康的研究越来越多，但其中许多研究都将不同网站或应用程序归为同样的"社交媒体"类别。社交媒体对我们大脑的影响是一个极其重要的研究领域，但社交网络结构的细微差异显示了用户行为及其思维方式存在显著差异。事实上，犹他大学进行的一项研究表明，患有严重精神障碍（双相情感障碍、精神分裂症和抑郁症）的人在参与与这些疾病相关主题的红迪网社区时，他们的状况会有所改善。通过对积极情绪、消极情绪以及悲伤的语言纬度分析，研究人员观察到，在7年的时间里，10个类别中有9个类别的受试者使用的语言得到了显著改善。参与抑郁证社区（r/Depression）的抑郁症患者变得不那么抑郁了。

一个充满抑郁症患者的社区为何能为积极情绪带来如此巨大的改善，而像照片墙这样充斥着积极与美好的内容的平台却让用户感到沮丧？我的看法是，在社交媒体信息流中的实际内容只是该等式的一小部分。浏览者的心态以及他们与和自己互动的模因的关系都是更为重要的部分。虽然有许多变量可以将不同社交平台彼此区分开，但有两个变量是预测用户心态的指标：一是用户在社交网络中的身份定位，二是他们与其他人的交往方式。这些因素不仅决定了用户的心态，还决定了他们会对哪些类型的模因产生共鸣。在营销领域中，我们总会谈论脸书用户、推特用户以及领英用户之间的不同之处。但我们经常忘掉一个事实，即当我们谈论这些不同平台的用户时，我们所谈论的对象很可能在屏幕后是同一个人。这些网络空间之间的差异是心理上的——因为差异往往来自同一人群。4chan上的大多数人估计都有脸书账号。只是他们在两个平台上表现得非常不同，至少大部分人都是这样的。

网络身份与社交关系造就网络心态

只需查看用户的网络身份和社交关系这两个变量，我们就可以创建一个模型以解释互联网用户心态和行为的多样性。先从网络身份开始说。我们在网上的身份定位方式倾向于以下两类之一：要么与现实生活中相一致，要么匿名参与。如果我们使用身份证上的名字，分享自己的照片，并且往往以自己原本的方式行事，即和现实生活中他人认识的我们是保持一致的，那么，我们就是在以现实生活中的自我来定义自己在网络上的身份。

匿名参与可能会稍显复杂一些，因为我们可以通过不同的方式"匿名"。在4chan上，用户是真正匿名的——发布的帖子不会出现对应的用户名或身份信息。在电子游戏、在线论坛以及红迪网等平台中，人们倾向于化名参与——我们会为自己创建一个用户名以代替自己的真实姓名，并倾向于长时间使用。Blind是一个允许特定公司或组织内的人之间相互"匿名"对话的应用程序，在像这样的社交网络平台中，我们依然有着与实际姓名无关的用户名，但该平台给予了一个额外的背景环境：交互中的每个人都处于同一组织中。虽然不同的匿名方法以微小的差别被分成了不同等级，但它们都为用户提供了同样的价值——自由。

理解人们在不同社交网络之间心态如何变化的第二个关键因素是人与人之间如何相互联系。在脸书和色拉布（Snapchat）这样的平台上，我们通常只和现实中认识的人联系。但在如照片墙和推特这样的平台上，我们的很多脸书好友可能依然是我们在这些平台的好友，但有一些不同。我们还能够通过话题以及发现等功能和大量陌生人相互联系。最后，在红迪网这样的平台上，好友关系根本不是围绕现实联系起来的，而是围绕共同的兴趣、想法或爱好联系起来的。

与不同人联系的不同方式完全可以改变我们的行为，并决定能够引起我们共鸣的模因类型。一个人在匿名空间中参与的模因类型，可能和他们在展示离线自我的空间中可能产生共鸣的模因类型完全不同。作为广告商和传播者，我们可能会在完全错误的地方接触到完全正确的人——或许我们可能会发现，当我们为了适应这些不同的空间而对信息进行一些重构时，观众的反馈会更好，且呈数量级增长。

根据弗洛伊德的模型，意识由本我、自我和超我组成

社会网络结构中这两个基本要素之间的相互作用，构成了一个心理学学生可能会非常熟悉的模型。精神分析之父弗洛伊德在其著作《文明及其不满》（*Civilization and Its Discontents*）中提出了一种通常以冰山为代表的心智模型（图 4.1）。正如 90% 的冰

山都被淹没在水平线之下一样，弗洛伊德认为，一个人 90% 的心理活动都是无意识的。在弗洛伊德提出该理论之前，大多数人都不相信有潜意识这种东西。弗洛伊德的想法在当时是较为激进的，他提出单一的心理活动实际上是由不同的，有时是不相容的心理力量构成的。弗洛伊德称大部分无意识的、未经过滤的、本能的驱力及欲望就是本我（Ids）。作为生活在复杂社会中的社会生物，人会将习得的文化规则内化，即形成良知，它存在于弗洛伊德所谓的超我（Superegos）之中。人发展出的，在本能欲望、文化理想及物质世界施加的限制之间进行调解的部分，就是弗洛伊德所谓的自我（Egos）。

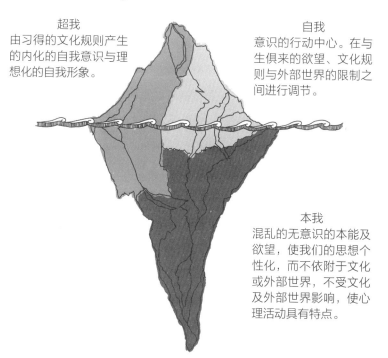

超我
由习得的文化规则产生的内化的自我意识与理想化的自我形象。

自我
意识的行动中心。在与生俱来的欲望、文化规则与外部世界的限制之间进行调节。

本我
混乱的无意识的本能及欲望，使我们的思想个性化，而不依附于文化或外部世界，不受文化及外部世界影响，使心理活动具有特点。

图 4.1　弗洛伊德冰山模型

虽然当代心理学对弗洛伊德有诸多批判，但他的思想改变了世界，也改变了我们应如何在其中理解自己的方式。"无意识思维"这一概念之前被认为是荒谬的，弗洛伊德也被誉为是实践心理治疗的先驱，他称这种疗法为"谈话疗法"。弗洛伊德开创了"自我"一词，源于拉丁语中的"我"，我们现在会用它来描述自己的自我意识。用进化心理学家乔丹·B.彼得森博士（Jordan B. Peterson）的话来说："弗洛伊德建立了精神分析流派，并由此对无意识的内容进行了缜密的研究。我认为当代心理学家喜欢诋毁弗洛伊德是有原因的。弗洛伊德的基本见解是那么宝贵和深刻，以至于它们立即被我们的文化所吸收了，现在这些见解几乎是不言而喻的，所以弗洛伊德现在留下的都只有错误了。"

与大部分现代心理学和神经解剖学的学说不同，弗洛伊德的模型现在依然是独一无二的，因为他旨在代表心智活动而非大脑。弗洛伊德模型的组成部分——本我、自我和超我——对应着心理发展的不同阶段以及由此产生的心理动力。本我是与生俱来的、基于本能的、混乱的、通常是无意识的思想。婴儿们只是作为本我存在，被本能和欲望所驱使，和真实世界是分离的，所以没有任何真正意义上的"自我"。当本我的欲望与现实世界的限制相遇时，自我就形成了。当一种与外界明显不同的自我意识开始形成时，自我就成为我们意识的行动中心。超我是心智活动发展的最后一层，体现了我们从文化中学到的规则。在超我内部存在着理想自我与良心。良心产生于我们学过的怎样才能成为一个好人的知识，它将自我的实际行为与理想自我相比较。当我们没有按照理想自我行事时，我们常常会感到内疚。本我的本能欲望与超我的文化规则经常发生冲突，而自我在两者之间始终扮演着调停者的角色。

本我、自我和超我在不同类型的社交网络中表现出来

当在网上互动时，我们倾向于占据三个基本角色中的一个，这些角色与上文提到的弗洛伊德的理论相关。我们扮演着哪种类型的角色与社交网络结构的两个因素密切相关：人们的网络身份与社交关系。当我们和现实生活中的自己保持一致并在社交网络上专门与现实生活中认识的人联系时，例如在脸书和色拉布上所做的那样，我们就在展示自我——受控制的自己（图4.2）。我们密切关注着自己的言行，因为我们所说或所做的任何事情都和现实生活中人们对我们的看法一一对应。我们非常愿意且有充分的理由，向朋友们展示自己参与的内容和活动。大多数人都知道，在脸书上只是给帖子点赞也会有可能出现在朋友的动态中，所以我们在网络空间中做的任何事情都是公开展示的。在需要展示"受控制的自己"的网络空间上发布一些具有争议性或者冒犯性的内容，就好比在家庭聚会上或者与朋友在酒吧中大喊大叫。

当然我们也知道自己内容的观众（和我们有关系的朋友），有特定的品位、思想与观点等。我们知道之前的哪些帖子收到了积极的反馈，哪些没有。我们喜欢别人的点赞。自我机制倾向于策划一些只针对我们自己的动态——世界上没有别人和我们有一样的动态。在自我空间中，我们处于一种展示自己的模式中，我

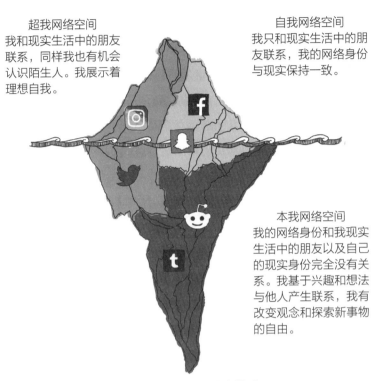

超我网络空间
我和现实生活中的朋友联系，同样我也有机会认识陌生人。我展示着理想自我。

自我网络空间
我只和现实生活中的朋友联系，我的网络身份与现实保持一致。

本我网络空间
我的网络身份和我现实生活中的朋友以及自己的现实身份完全没有关系。我基于兴趣和想法与他人产生联系，我有改变观念和探索新事物的自由。

图 4.2　社交媒体冰山模型

们会点赞自己最喜欢的乐队的帖子，但不会穿上该乐队的 T 恤。我们会转发自己支持的选举候选人的筹款活动，但不会在自己的汽车保险杠上贴政治贴纸。我们不会告诉网友关于自己假期的故事，但我们会发照片，并在图上标出自己的朋友。我们为了现实生活中认识的人而巩固自己的网络身份。

　　在推特和照片墙等平台上，我们可能仍会以现实生活中的身份参与其中，但由于会接触到数百万陌生人，我们的心态会发生巨大变化。就像只发送给朋友的搞怪自拍视频和在国家电视台播放的视频之间的区别一样，这是超我——理想自我的网络空间，在这些平台上我们可能拥有和脸书上完全一致的朋友关系，但我们更可能会被数不清的、不认识的人看见。在理想自我的空间中，人会更多地包装自己，试着让自己变得更幽默一些，并且倾向于发布光鲜亮丽的内容。我们在脸书上的朋友可能很清楚，在 6 天的夏威夷之行中，有 5 天都下雨，但这并不妨碍我们在照片墙上发布一张迷人的海景图以作为假期回顾。

超我网络空间往往是有阶层的，社会地位意味着一切。粉丝数量、帖子热度、时尚的个人照片以及热门的转发是我们社会等级的主要标志。在许多超我、理想自我网络中，人们甚至没有朋友，只有粉丝。这种单向关系促进了一种不同类型自我的展现。与只和现实生活中认识的人形成的自我网络空间不同，超我网络空间中，人们理应用充满趣味、引人入胜的方式向自己的粉丝展示自己，即使这有时意味着包装自己。我们在社交网络上唯"利"是图，关注那些我们想与之交往的人，又希望那些我们不关注的人不论如何都关注我们。

并不是说推特或是照片墙上的每个账号都是某个人理想自我的体现。在处理诸如个人身份之类的超复杂主题时，我们就在寻找普通用户间的普遍相似之处。推特和照片墙还承载了模因文化、网络骂战、基于兴趣的对话以及其他匿名网络的重要特征。这与个体差异及网站功能有关。从技术上来说，我们也可以在脸书上匿名，但由于我们需要和朋友联系才能使用脸书的绝大多数功能，所以在脸书上匿名不太现实。然而，使用了匿名功能的推特和照片墙用户有足够的空间来参与讨论、推动趋势、煽风点火等。有人甚至认为推特和照片墙上的网络喷子比其他匿名空间中的喷子更成问题，因为他们的"战场"不在一个等级上。当 4chan 的用户猛烈回击具有冒犯性的侮辱时，双方都是匿名的，因此不论结果如何，他们的利益都是同等的——如果他们知道什么对他们有利的话，那么对结果的利害关系就很小。推特上的匿名喷子有无数次的机会与那些将部分或全部现实身份投入账号中的人进行互动。

虽然匿名在有关网络安全的大部分讨论中一直都是首当其冲的话题，但匿名空间对人们来说也有可能是极具建设性并且健康的。没有现实的约束，人们可以自由表达、直言不讳。这个未经修饰的形象就是本我的体现。本我网络空间是用户和现实的自己脱节，是用户围绕兴趣与激情而非现实社会关系形成的网络。红迪网、汤博乐（Tumblr）、Imgur①、Twitch②，甚至 4chan 等平台都是本我网络空间的例子。在这些网络平台上，人们可以更自由地表达自己，探索他们在现实世界中还没有准备好展示的新想法和新兴趣，并发现与自己志趣相投的人。

在本我网络空间中，我们寻找着滑稽的、有吸引力的、好玩的或其他有趣的内容，而不是代表我们自己的内容。我们可以自由讨论禁忌话题，且不必担心朋友和亲戚会怎么想。我们也可以自由探索新的爱好和话题，这是一些能激起我们兴趣，但不一定要向他人展示代表自己的东西。我们处于一种被心理学家称为"知识性好奇"的状态——这是一种令人愉悦的，并期待有所回报的好奇心状态。所谓"回报"即我们学习到新事物，或是偶然

---

① Imgur，免费的图片分享网站。——译者注
② Twitch，一个面向视频游戏的实时流媒体视频平台。——译者注

发现意料之外的新奇有趣的内容时的感受。

与自我网络空间及超我网络空间不同，本我网络空间倾向于优先考虑大众动态而非个人动态。在 4chan 这样的平台上，没有为个人用户提供的个人动态界面，用户只需要浏览社区里最新的帖子。红迪网为用户提供了个人主页动态区，但这个功能也是为用户所属社区定制的。虽然该功能是为特定用户定制的，但它上面的内容依然取决于社区投票，而非个人资料。红迪网的基本结构源于社区，所以它向所有社区成员展示着相同的内容。

这种共享的体验让用户产生了一种社区归属感，这将本我网络平台与其他网络平台真正区分开来。尽管看起来有悖常理，但匿名的红迪网用户们感觉彼此之间以及个人和平台之间有着深厚的联系，而那些基于本我的网络空间中的用户往往不会这么觉得。红迪网上的用户将自己称为"红迪网民"，而脸书用户就从未将自己称呼为"脸书用户"。这种社区敏感性使观点迥异的人之间能够进行建设性的、深入的对话，并且由于用户脱离了现实身份，他们往往对新想法和新信息有更开放的态度。在没有旁人关注的情况下，一个人更容易改变自己的主意。

对于那些不熟悉红迪网的人来说，它真的是一个网络社区结构的奇迹。不仅整个红迪网平台被认为是一个社区，而且红迪网还是多个"子红迪网社区"的集合，所有子社区都活跃于红迪网下。红迪网上的每个社区都由一批志愿吧主建立，这些吧主会创建针对该社区的规则并执行，例如可以发布什么而不能发布什么、帖子应如何命名、用户可以有哪些行为以及什么样的内容是被禁止发布的。正如一位红迪网民所说，"我在谷歌上搜索每个问题时都会添加'红迪网'后缀，因为我更信任你们。"这篇帖子产生了超过 35000 次的净支持，并且目前仍然是浴中哲思社区（r/ShowerThoughts）的热门帖子。供你们参考：该社区将"浴中哲思"描述为"你拥有的小小顿悟，突出了寻常事物中的反常之处"。

当然，匿名网络也有它的尖刺。和现实社区一样，网络社区当然也会存在问题。匿名的、社区性的本我网络平台中的问题行为往往和基于现实身份的、自我或超我网络平台有截然不同的表现方式。谣言问题目前困扰着基于现实身份的社交网络，而由于本我网络平台对话的公共性质，匿名社区对此问题往往更具恢复力。然而，一个令人讨厌的内容在本我网络社区中的流行，可能也比基于现实身份的网络社区更具规模与速度。2014 年，一些名人的私密裸照在互联网上被泄露时，这一事件被称为"好莱坞艳照门事件"（Fappening），这些信息的泄露在推特、照片墙、脸书等以及几乎所有基于现实身份的社交网络上出现。但最初这些图片其实是在 4chan 上流行起来的，一个名为艳照社区（r/TheFappening）的红迪网社区，很快就成为有关该事件的动态、谈论以及内容分享的中心。目前该社区已被禁止，但本我网络平台使这些泄露的照片在更广泛的范围流传开，影响远大于照片只在基于现实身份的网络平台上传播。

社交媒体的生态系统庞大且复杂。反对社交媒体用户"盲目消费"的口号自身已经成为一个讽刺。社交媒体并不简单，驱使我们参与社交网络的驱动力也不简单。社交媒体自然会有成瘾性，但它是被我们作为社会生物所具有的根深蒂固的天性驱动的。在 2018 年，平均每个社交媒体用户维护着 8.5 个不同网站的个人资料，在 2017 年的 8 个和 2016 年的 7.6 个基础上不断增长。如果社交媒体只是一个盲目消费的工具，那人们各自的社交媒体档案应该是不变的。但情况恰恰相反。为什么？不同的社交网络满足着人们不同的社会与心理需求。自我网络平台使我们能够巩固自己和集体的关系，并向在现实生活中认识我们的人定义自己。超我网络平台让我们能够表达自己有朝一日希望成为的样子——我们最想向世界展示的样子，同时我们也能通过超我网络窥见他人的理想自我。本我网络平台使我们能够探索新的领域，尝试新的想法和兴趣，并与那些有共同爱好的人建立联系。

　　在接下来的章节中，我们将深入探讨本我、自我和超我的网络平台结构。是什么让这些网络平台运转起来？以及品牌如何战略性地利用人们在参与中获得的价值？我在第一部分中写道，作为营销人员，在社交媒体中如何建立并增加品牌价值才是我们最应关心的问题。我还写道，虽然看上去很简单，但在社交媒体中增加价值的难点在于，不同的社交网络有不同类型的价值。通过研究社交媒体用户不同的基本心态，我们开始正确认识到怎样才能赋予这些不同的网络空间以真实的价值。我们将更有能力找到商机，并发起可扩展的战略性活动，用自然的方式和受众互动。我们将探索品牌参与的例子，从标志性的温蒂汉堡（Wendy's）推特账号，到红迪网上的嘉信理财（Charles Schwab），再到独角兽坐便器（Squatty Potty）是如何让人们在脸书上讨论排泄物的。

✎ 要点总结

- 我们如何做身份定位以及与他人联系，是社交网络结构最重要的两个决定因素。

- 和弗洛伊德的自我概念相关，在受控自我的网络空间中，我们和现实生活中的朋友联系，使用真实的身份。我们表现着与现实中的自己一致的自我。

- 在理想自我的网络空间中，我们表现着超我。我们会和现实生活中的朋友联系，但也会被网络上的陌生人发现。我们表现着理想化的自己。

- 在真实自我的网络空间中，我们脱离了现实生活中的自己和朋友。在本我的网络空间中，我们可以探索新的兴趣，并使用在自我和超我网络空间中不会使用的方式表达自己。

现实身份的网络表征

自我和行为的意识中心

有一个视频的开场是一个男人的侧脸，他的面相很严肃，但声音却柔和而亲切。他告诉我们，他曾经在圣何塞警察局担任一名法医艺术家[①]。然后画面里出现了一位女人，她描述了她遇到这位法医艺术家的经历。明亮通风的阁楼里，男人坐在绘图桌旁，阁楼的天花板很高，窗户比墙壁还多。他手里正拿着铅笔勾勒一些我们看不见的东西。在他右边，一块奢华的半透明布帘挡住了他的视线，挡住了一个空的白色座椅。视频又切换到另一个女人，她可能在走向白色椅子时也有同样的经历。"我看不到他们，但他们可以看到我们，"她说，"跟我说说你的头发吧。"男人说道。

"我本来不知道他在做什么，但几个问题过后，我发现他在画我。"第一个女人说。之前画面的内容最终由这位艺术家做出解释："当我画出一张草图时，我会说'非常感谢你'，然后她们

---

① 法医艺术家，通过画笔将目击者脑中记忆碎片拼接起来，还原嫌犯真实面目。

就会离开。我不会看到她们。"这位法医艺术家完全根据这些女性的自我描述来绘制她们的面孔。我们了解到，少数女性会第二次回到工作室，但她们没有再描述自己，而是被要求描述另一位女性。

这个约为 3 分钟的视频进行到一半时，会向女人们展示画着她们的两幅画。艺术家解释说："这是你帮我创作的草图，而那是我根据另一个人的描述画出的草图。"通过展示可以发现，基于自我描述的草图突出了微小的缺陷以及自我意识的领域，而另一位参与者描述的版本则显得更加准确与美丽。在她们对这些绘画的反应的特写镜头里，有人说："我应该更感激我的自然美。"之后，艺术家提出了广告活动的核心问题："你认为你比自己描述的更漂亮吗？"一个女人几乎泪流满面，回答道："是的……"。但她的目光很快移开，她似乎停顿了一下，好像在确认什么。然后，她果断地回答"是的"。视频以简单的一句话结束："你比你想象中更加漂亮。"

如果你还没有流泪，那我就完全没有做到这个广告做到的事——巧妙地拨动观众的心弦。十多年来，多芬（Dove）品牌一直在其品牌宣传中倡导"真正的美"，该系列的第一个广告活动于 2004 年推出。从营销的角度来看，在过度格式化、难以达到对"美"的一致标准的竞争如此激烈的行业中，多芬的宣传定位既巧妙又有良好的道德影响。多芬做出了一个大胆的决定，用真实的身体拥抱真实的人。但我们研究此广告活动的原因不仅仅是为了突出多芬的品牌定位工作——"你比你想象中更美"（Real Beauty Sketches）的广告视频发布 10 天后，就在脸书上产生了超过 630000 次的转发量。

　　这段视频时长为 3 分钟，脸书推荐的广告时长约 2 分 53 秒。而且它还包括整整 1.5 分钟的背景内容。当讲故事的人建立好相对复杂的框架之前，视频要表达的内容并不明显。我们需要了解这些女性正在被一位法医艺术家绘制画像，实际上有两幅草图正在创作中——一个基于被画者的自我描述，另一个基于他人的描述——然后我们需要一定的情感基础以认识到，女性对自己的描述和别人对她的描述相比有什么不同。观众获取内容的速度其实并不快。它几乎打破了我发现的成功的网络营销活动内容的"最佳的标准"，但它确实推动了基于有机分享的巨大的用户覆盖面。那么为什么这样的内容成功了呢？

　　作为品牌，我们经常忽视推动社交网络用户参与的一个最重要的原则，尤其是在像脸书这样的自我网络平台中。当人们参与一段品牌内容时，他们并无意与作为品牌的我们进行交流。他们真正想告诉我们的是："这个品牌及其内容能够代表我的一部分特质，我会用这些内容来向朋友们展示自己。"当一个人分享多芬的"你比你想象中更美"活动时，他并不会思考该视频对多芬的营销团队而言意味着什么。他只会思考该视频对自己的朋友而言意味着什么。更具体地说，他的朋友看到自己参与了该内容会产生什么想法。

　　多芬很清楚，它的目标受众大概是青年至中年女性，这些人对美容业有自己的想法，即认为美容业是虚假的、不健康的。通过制作一段包含着符合目标受众想法的情感视频，这则广告在提升了品牌特色的同时，找到了推动用户分享的核心点。参与"你比你想象中更美"活动的人说："嘿，我认为这个内容很重要，我要向朋友们传播这条信息！"随着时间的推移，通过始终如一的推广执行与强大的品牌定位，和多芬互动似乎已成为反对不合理的"美"的标准以及拥抱真实自我的代名词。

在自我网络空间中，人们接触的基本都是现实生活中认识的人，身份也被定义为现实中的自己。脸书、色拉布以及任何与我们现实中的朋友保持密切关系的，同时又将我们的身份定义为现实自我的网络空间，就是自我网络空间。自我一词常被误解——流行文化让自我变成了自负、浅薄、自恋的替罪羊，这和弗洛伊德模型中自我的含义大相径庭。"自我"一词源于拉丁语，译为"我"。在弗洛伊德的模型中，自我是行为的意识中心。当一个人发现自己和外在世界的分离时，意识的这一部分便开始运作，对本我的控制开始启动，人开始直面外界的局限性。自我应对着三大力量：外部世界、本我和超我。本我象征着人的本性和欲望，而超我则是不断学习文化规则的积累。自我则在这三个力量的包围中起作用，决定了人在这个世界中如何行事——饿了去找吃的，摸到烫的就移开手，或是在激烈的争吵中缓和自己的情绪。

当使用脸书和色拉布等自我网络平台时，我们比使用那些超我和本我网络平台，更容易被现实生活束缚，因为和我们联系的人都是在现实生活中认识我们的人（图5.1）。我们在自我网络空间中的所做和所说对他们而言有更强的现实感，这不仅仅是因为他们和现实中的我们有所联系，还因为我们在网络上的行为会不断强化自己的现实身份。真实姓名会伴随着我们发表的、点赞的每篇文章以及发表的每条评论。和线下朋友在线上联系是一个非常有趣的社会现象。现实生活中，人们通过身体外观进行交流——打扮、穿搭、表情等；在网络生活中，内容成为一种数字外观。人们会参与并分享那些值得朋友们看一看，同时又有助于定义自己的内容。

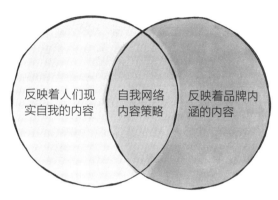

图 5.1　自我网络内容策略

2017 年,《纽约时报》进行了一项研究，以了解人们分享内容的原因。研究人员写道，68% 的人表示，他们分享内容"是为了让别人更好地了解自己是谁以及自己关心什么"，84% 的人表示他们分享内容"是一种支持自己关心的事业或话题的方式。"其实这些都是关于自我的呈现。

在自我网络中提供价值意味着帮助人们展现自己

作为品牌，如果我们问自己可以为自我网络空间中的用户提供什么价值，答案必然与受众的自我表达相关。很多时候，我们打算开展一些"产生用户参与度"的活动，却没有思考一个非常简单的问题：这段内容对参与其中的人而言意味着什么？我的意思不是"这对作为品牌的我们而言意味着什么？"而是"当人们参与我们的内容时，他们想在社交媒体展现自己的什么？"他们的朋友又会如何看待这份互动？这些内容会帮助他们获得积极的社会反馈吗？一个人在自我网络空间中参与的每条内容都经过了一层无意识的社会过滤，"这对我有什么影响？"为了在自我网络中推动有意义的用户参与，仅向受众展现品牌定位是远远不够的。我们需要帮助受众向他们的观众定义自己。

　　并不只有冗长、深刻的情感内容才能帮助受众向自己的朋友展示自己。当然，这类内容在完美执行时，就如多芬的例子，会激发观众非常强的分享动机，因为人们在社交媒体上分享（部分）情绪是很自然的。但是人们在自我网络空间中还有很多其他表现自己的方式。视频通常过于厚重和缓慢，无法在社交媒体中持续吸引人们的注意力，即使在自我网络空间中也不例外。密保诺（Ziploc）品牌是另一个消费品品牌的例子，该品牌通过为其受众提供可分享的、引人注目的创意来帮助他们展示自己，从而带动大量的用户分享。

　　虽然历来密保诺的广告多侧重于产品属性方面，但该品牌在内容创意方面找到了战略支点，并通过用户分享获得了强大的影响力。它的创意从蛋糕装饰构思到切分技巧再到生活小窍门与简单食谱，其中使用了密保诺的各种产品。例如"草莓夹心芝士蛋糕"、"DIY 扎染蜡笔"（烤箱制作的蜡笔）和"山核桃派巧克力树皮"等热帖产生了数十万次的转发量。广告团队还做了很多品牌推广工作——不仅每张照片都具有产品特色，每个帖子的底部也会有品牌标识。密保诺团队很清楚，只要内容具有足够的价值，人们在参与品牌内容互动的时候就不会犹豫。

该策略非常简单且始终未变——为人们使用该产品提供新奇有趣的方式。每个帖子都以产品为中心，但明显的是，该策略的首要目的是为密保诺的受众提供价值。观众分享一段内容的动机是双重的。首先，内容有用且有趣，由于脸书平台功能的限制，在上面保存帖子的最简单方法就是转发它。因为这段内容是标签性的。其次，这些帖子帮助用户在自己和朋友之间建立一种社会关系。当用户点击密保诺内容下方的转发按钮时，内容就不再是密保诺的了，而是用户自己的。"当我可以给朋友们提供改变食谱和整理房子的新颖、有趣、独特的想法时，我会让朋友们知道我是谁。我是个厨房巧手，是发现和分享创意的人，也知道最简便的生活小窍门，这些内容就可以证明！"

一旦一条帖子被转发，它的原创者几乎变得无关紧要，因为这条帖子会在转发者的社交网络中拥有自己的生命。这就是为什么确保模因机器完整显得如此重要的原因。当一段内容被一波又一波的人分享时，初始界面、添加的附件全都丢失了，只剩下内容。所以，通过内容本身追溯到品牌是最好的。

密保诺的内容创意遵循了被多芬打破的许多经典实践。每条内容的含义都可以直接提取，几乎没有技术上的阻力。密保诺利用静态图像的直观性和高效性传达了诸多想法，这意味着内容的提取门槛非常低。密保诺还创建了一个内容分析的内部日历，通过有机地分享每个帖子并衡量用户的接受度，来确定哪些人群应是付费推广的对象。密保诺用来安放其生活小窍门和食谱的模因机器也让人感觉非常熟悉——常看亲子以及美食博主的人尤其会这么觉得。分步操作的图像、连拍图片、拍摄精美但又质朴的食物摄影、明亮的色彩、四周通透的背景等许多方面，都让密保诺的内容融入了网红美食拍摄的空间中，但这些内容却又充满密保诺自己的特点。

自我网络空间通常不是新的潮流趋势出现的地方，但密保诺和多芬都做到了在脸书上产生大量的有机影响力。这两个品牌之所以能够成功地逆流而上，是因为它们的内容利用了观众的初始心态。大多数网络潮流趋势都需要在一个共同的群体或社区中孵化，而自我网络空间是围绕每个用户特有的个人关系建立起来的。当一个新的电子游戏开始流行，或是一款新的运动鞋风靡时尚界，又或是一个古怪的模因成为新的流行格式时，我们通常可以追溯该趋势至一群通过共同内容相互联系的人。但是，该规则也有例外。

在自我网络空间中，当一个特定的想法或内容利用了一个先前存在、广泛传播的信念时，网络趋势就会形成，尤其是当这种信念处于一种相对休眠状态时。多芬品牌在自我网络空间中创造了一种趋势，它表达了一个很多人拥有但又很难以令人信服的方式表达出来的想法。多芬并没有改变人们对美容行业的看法——大多数观众之前就已经感到对流行的美容品牌心有排斥。多芬帮助他们用一种强大且易于分享的方式表达了这种信念。密保诺则挖掘一个不会引起强烈感情但又非常有潜力的信念——人们喜欢新奇的事物，而新奇的事物是一种有趣的联结方式。或许你永远不会将石榴籽放进一个塑料袋中，剪掉塑料袋的角，将其放在杯子上，然后把石榴挤成汁，但现在你知道你可以这么做（这个方法其实并不是很好用，但它依然带来了非常多用户参与）。

在自我网络空间中，成功推动用户分享的品牌内容是帮助人们相互联系的内容。不难想象一个欣然接受我们呈现的"真美"

的视频是如何实现这一点的。也不难想象生活小窍门与新颖的食谱如何引发人们之间的对话——"我们下次试试这个吧！"或者"这个好有趣呀！"不论是有感染力的，或是内容适用于一个人的现实生活的，还是能使他的朋友开怀大笑的，都将推动用户参与，因为人们向自我网络空间中的社交关系投入了最多的物质与情感。他们都是我们线下认识并认识我们的人。在自我网络空间中，一个单独的网络身份的力量是很弱的。这些生态系统中的品牌需要更少地将自己视为目的——很少有人会去访问品牌页面——而应当更多地将自己视为一个联结受众和他们朋友的媒介。

口碑是由内容级别，而非品牌级别的交谈驱动的

我之前已经调侃过脸书最初面向广告商们的宣传语——"来建立你的粉丝页面，提升他们对你展示的内容的喜爱，你的粉丝会向他们的朋友宣传你的品牌！"最初，营销界接受了脸书提出的粉丝口碑营销的想法。不幸的是，该模型惨遭失败，但可以从中提取一个重要的事实经验——脸书粉丝页面模型的问题在于，人们不断订阅越来越多的粉丝页面，导致他们的订阅源被各种品牌内容所淹没。这意味着人们在脸书动态中实际看到的内容——比如他们的朋友发布的内容——反而越来越少。为了确保用户动态中的信息流回到平衡状态，脸书开始限制品牌粉丝页面的有机覆盖范围。似乎在一夜间，品牌的动态从覆盖大多数订阅者变成了每条帖子只覆盖不到 1% 的受众。我可以说，这对我的客户来

说不是一个令人愉快的消息。对于我们的脸书分析报告而言，就更不愉快了。

这种战略模型其实是有效的，只是品牌和粉丝之间的关系不像脸书设想的那样持久。如果我们的内容在自我网络空间中足够引人注目，那我们不仅有机会接触到我们的直接受众，还有机会接触到这些受众的朋友。然而，这种机会存在于内容与内容之间，而非品牌与个人之间。很多人喜欢希伯来民族的坦率，但他们胸前并不会有希伯来人标志的文身。一个品牌很少会有很多非常忠实的粉丝，会分享品牌发布的每条内容。当然，我们必须赢得这样的参与者。当我们能够提供一段帮助我们的观众成功表达他们自己的内容时，观众会将内容推荐给他们的朋友，这对我们来说是非常有意义的。这是社交媒体最初的承诺，虽然难以捉摸，但又很有影响力。摆在我们面前的挑战很复杂：我们应如何在品牌形象的范围内，帮助粉丝向他们的朋友定义他们自己？

关于吸引品牌忠实粉丝的价值，在营销界一直存在争论。从一个角度来看，巩固品牌和粉丝之间的联系会提高粉丝进行口碑推荐的可能性。巩固品牌和品牌忠诚粉丝间的联系可能会有助于缩短对高度意向客户的销售周期。但从另一个角度来看，品牌和品牌粉丝的接触是多余的。因为这些人本就打算购买产品。社交媒体，尤其是自我网络空间，会使联系变得复杂，因为粉丝群体和非粉丝群体混杂在一起。最大化自我网络平台的作用不仅仅是将正确的信息传达给正确的人。这是要找到一种方法，将粉丝对品牌的欣赏通过参与，转化为个性化的代言。建立这种关系的途径是互惠互利的——品牌需要找到一种方法来帮助人们表达自己。

或许是从脸书广告模型的变迁中受益，色拉布平台成功地将人们在自我网络空间中的自然表达倾向产品化了。滤镜是色拉布上一种可用的广告格式，品牌可以制作一些叠加滤镜，供用户视频和照片选择。品牌也可以提供一些增强现实（AR）滤镜，使用该技术与用户视频实时交互。如果你自己没有使用过这个功能，你可以想象一下你的孩子制作的，让自己看起来像动漫人物或是一只跳舞的热狗的视频。滤镜不仅仅是一种技术上的壮举——老实说，我从没想过我会看到自己的脸上展开显示出《西部世界》（West world）的机器人——而且这种方式自然地帮助用户们从平台中获得价值。这使得广告商们的工作更加直观——提供价值意味着为人们提供一些在短视频和照片中表达自己的新的视觉方式。制作成功的滤镜并不那么容易，因为色拉布上早已充斥着各型各色的广告商，但该平台的产品提供了一个用户深度参与和朋友宣传的强大组合。

像增强现实滤镜这样的格式所提供的创意画布似乎是无限的，而且，再强调一遍，好的内容不仅仅能吸引用户参与，还可以帮助用户表达自己。自我网络空间中的人们往往不像照片墙或抖音那样的超我网络一样，精心策划自己的表现，因为他们通常被限制在现实朋友群体的安全范围内。谁不喜欢一个能展现出自己怪诞之处的品牌呢？塔可钟①从不隐藏自己的怪诞之处，在2016年的五月五日节②，塔可钟创造了一个古怪的"塔可壳滤镜"，并迅速成为当时表现最好的品牌滤镜。这个概念过于奇怪，从而很难被分享——滤镜将人的眼睛和嘴巴叠加在一个带有塔可钟固

---

① 塔可钟，又译塔可贝尔（Taco Bell），全球大型墨西哥风味快餐厅。——编者注

② Cinco de Mayo，五月五日节，墨西哥的地区性节日。——译者注

定装置特征的塔可壳上。对于一个拥有狂热粉丝的品牌来说，塔可壳滤镜是一种提高影响力的绝妙方式。首先，它激起了品牌粉丝们的热情，与乐于分享自己"塔可面孔"的忠实粉丝们进行了互动。然后，粉丝们将它传递给了自己的朋友，鼓励朋友们也参与这个滤镜。

美国运通（American Express）也使用了这一策略。"如果我们去度假呢……？"几乎所有广告头脑风暴中都出现了这个还未完善的概念，但美国运通实际上在"小商业星期六"活动中实现了这一点。该品牌注册了一个全国性的假期，在每年黑色星期五（Black Friday）和网络星期一（Cyber Monday）之间的那个星期六，美国运通通过"小买"（Shop small）的标语推广了这个活动。对于品牌来说，这是一个很好的、无私的品牌定位——谁能对信用卡公司将营销资金用于扶持小企业这件事生气呢？这个活动也包含了一个简单的色拉布滤镜，它将"小商业星期六（Small Business Saturday）"摆成一个心形，框住一张用户的照片，鼓励小企业家们谈论自己的公司。美国运通不仅接触到了小企业家——自己的营销对象，而且还为小企业家们提供了一个和朋友谈论自己的业务的平台。当小企业家使用"小商业星期六"滤镜与他们的好友分享充满激励性的故事和照片时，美国运通品牌便以伙伴和胜利者的身份出现了。

虽然是公式化的，色拉布滤镜和增强现实滤镜在宣传电影、视频游戏以及任何其他叙事型的产品方面，不乏出色的运用。索尼影业（Sony Pictures）认为他们在色拉布上发布的交互式虚拟现实（VR）滤镜为电影《毒液》（Venom）带来了超过 100 万张的售票。该滤镜通过电影里的特效"吸引"了众多用户参与，也

086 > 模因机器：为什么社交媒体如此有吸引力

带来了让人惊掉下巴的分享量。《死侍》(*Deadpool*)、《X战警》(*X-Men*)、《异形》(*Alien*)等其他众多有标志性人物和独特世界观的电影系列，也利用色拉布广告达到了类似的效果。在自我网络空间中，当我们为用户提供可以向朋友表达自己的内容时，我们就最大化利用了媒体经费和社交网络。

由于自我网络空间是网络身份与现实身份相关最密切的地方，这些网络空间中，人们高度依赖对品牌先入为主的观念。自我网络空间中的品牌形象是通过我们分享的内容逐步建设的，这意味着改变人们的固有看法很难。回到多芬的例子，想象一下如果这段是由别的品牌制作的——例如 *Cosmopolitan*①、《魅力》(*Glamour*)或《时尚》(*Vogue*)等任何其他以使用模特摄影而闻名的美容时尚品牌——这段内容将会和人们对这些品牌的先入之见不一致。即使这是在深思熟虑后的品牌重塑的情况下，在自我网络空间中改变人们对品牌的认知也是一个缓慢渐进的过程。如果多芬在其品牌定位的工作中没有那么始终如一，那么这段视频不太可能会获得它现有的影响力。十多年来，多芬一直坚持"真美"的理念，虽然不是每个品牌都需要十年时间才能在品牌定位上取得成功，但保持定位的一致性至关重要。

这就是传统营销方式与品牌建设的世界仍能教给社交媒体广告商的地方。如果我们的目标是收获有价值的用户参与，那么仅靠单个内容来吸引人们的注意力然后提供价值是远不够的。价值本身部分植根于品牌自身：我们的品牌代表着什么？我们的品牌对人们来说意味着什么？人们如何看待支持我们品牌的粉丝？

---

① Cosmopolitan，韩国美容时尚杂志。——译者注

品牌建立于社交媒体之上，一次发布一个帖子

品牌创作的内容类型和品牌的定位是联结在一起的，我们无法在不影响另一个的情况下改变其中一个。品牌在社交媒体中发布的个性帖子有助于帮助用户了解品牌定位。而品牌定位（通常）比每个单独的帖子更重要，但随着时间推移，两种力量会相互拉扯。虽然内容可以（而且经常会）迅速变化，但品牌认知和品牌定位的变化要慢得多。为了维持一个有力的、长期的战略，最大限度地发挥自我网络空间的效用，我们需要跳出只看单个内容用户参与程度的小圈子，更全面地考虑我们的品牌。我们需要不断评估用户和我们品牌的互动代表着什么，以确保互动方式朝着正确的方向优化。毕竟，正如我的一位策划朋友曾经说过的那样，如果我们只注重优化参与，那内容的最终归宿就是猫咪或者色情。互联网喜欢猫和色情片。

不管定位一致性如何，可以预料的是，一些品牌和品类在本质上很难在自我网络空间中推动用户参与。我们不会与脸书好友事无巨细地分享所有东西，而且这有充分的理由。这并不意味着（几乎）所有品牌都无法在这些平台找到营销机会。一些品牌仅仅是归属于人们不喜欢和人分享的品类。像去屑洗发水、蟑螂药、减肥产品、经济援助、女性用品、博彩品牌等其他许多会暴露个人尴尬问题的品牌，在自我网络空间中面临着一场艰苦的战斗。这并不意味着它们无法推动用户参与，即使是那些看起来最不可能的品牌。我们只需要多一点创意。

根据它脸书的界面，独角兽坐便器有个非常具体的任务："我们品牌的马桶垫脚凳可以抬高你的脚帮助你更好地排便。结束便

秘、痔疮、肠易激综合征、骨盆问题和腹胀。"迫不及待地想告诉你们！如果你从未见过马桶垫脚凳，那我可以告诉你，它是马桶的一种配件，可以抬高用户的双脚，从而使用户类似蹲姿，这显然是一种更自然的排便角度。我知道这一点是因为我在脸书上看到了他们病毒式的广告。独角兽坐便器是犹他州圣乔治市的一个小型家族品牌。它不归宝洁（P&G）所有，没有庞大的营销机器，也没有聘用专门的营销团队来为其制定社交渠道策略。但仅在脸书一个平台上，独角兽坐便器的广告就已有超过 160 万次转发、48 万条评论和约 70 万次的点赞。

广告的标题是"这只独角兽改变了我排便的方式"，这是标题诱饵和荒谬主义的完美结合，以激起人们的初步兴趣。视频中，旁白者是一个穿着华丽中世纪装束的男人旁边有一只独角兽——好吧，一个穿着独角兽吉祥物套装的男人——正在将彩虹冰激凌便便拉到冰激凌蛋筒上。"这就是你吃的冰激凌的来源——神秘独角兽的奶油便便，"旁白者拿起蛋筒开始说道。"绝对干净、绝对凉爽、绝对软滑，直接从括约肌下来。嗯，它们很擅长排便，"他一边说，一边陶醉地舔舐着，"但你知道谁最讨厌排便吗？你。"旁白者继续说着马桶上的传统坐姿，以及某些肌肉如何阻碍排便过程的基本机制，但在蹲姿中，这些肌肉将得到放松，从而使排便更容易。它既充满趣味又让人困扰，同时又具教育意义。

选择一个令人不快的话题，采用荒谬的创意，用简单但有趣的方式准确解释产品的功能，能帮助人们解决一个常见问题。独角兽坐便器通过这么做，使自己的广告更具分享性与讨论性。这个广告不仅奇妙、有趣，而且它完全清楚人们会怎么看待和使用该产品。独角兽坐便器的广告视频首先是娱乐的，其次又能解决问题，最后再提出产品如何解决前两者自然而然引出的问题——几乎就像独角兽软滑的冰激凌便便（抱歉，脑海里突然就蹦出这句话了）。

这个问题是一个大家都有的问题。独角兽坐便器着手解决便秘、痔疮、肠易激综合征（IBS）、骨盆问题和腹胀。单独来看，似乎每个问题都是非常私密且令人尴尬的问题。但是独角兽坐便器使用广告，将这些问题变得普遍化，这就是内容的构建方式！这家伙还在舔便便，真恶心！如果该品牌专注于这些私密问题中的任何一个，那么可能就不会产生这样的结果。因为这样做，会让转发该广告的人感觉揭示了一个关于自己的、令人尴尬的问题。通过从人体解剖学的角度进行对话，独角兽坐便器让问题摆脱了私密的污名。没有人愿意承认自己有时候会便秘，即使大部分人都会有这个问题。

为了在自我网络空间中推动有价值的用户参与，我们需要了解受众参与我们的内容，会对他们有什么影响。当人们在一个与现实身份和现实朋友相关联的平台上发布内容时，他们会处于一种脆弱的状态，即这代表自己分享的内容一定要和与现实保持一致。一个希望推动用户参与的品牌，在自我网络空间中，不仅必须要帮助受众定义自己，还需要帮助他们和自己的朋友联系。

对于一些品牌定位已经具有价值的品牌而言，只需要找到品牌的定位价值与观众想表达的与他们自己相关的内容之间的交汇点即可。对于一些新兴品牌而言，应找到有价值的事来为品牌定位，或是在重要问题上勇敢站出来，抑或只是使用新奇有趣的方式来引发人们的讨论。在自我网络空间中，我们思考问题的角度应超出品牌本身，去考虑品牌对受众意味着什么。请记住，受众们会问：分享这条内容对我而言意味着什么？在什么样的情况下，我转发这个是有意义的？这个内容会与谁相联系？他们会怎么使用这个内容？最重要的是，它体现了我的什么？

> ## ✐ 要点总结
>
> - 自我网络空间是我们与现实认识的人联系，身份定义与现实相一致的网络。我们和那些了解"真实的"我们的人有着最密切的联系，人们处于兼顾自我表现与社会交往的模式中。
>
> - 为了推动自我网络空间中有价值的用户参与，品牌不仅需要表现自己，还需要帮助受众向他们的朋友展示他们自己。
>
> - 品牌可以通过倡导共同的观点，发布可以激起朋友间讨论的热点话题，或是创作观众可以借此定义自己的内容，来帮助他们表达自己。
>
> - 令人尴尬或者透露私密信息的品牌内容在自我网络空间中传播会困难重重，但使用幽默和同情元素可能是通往成功的途径。

文化理想的指导作用

超我网络空间与理想自我的表达

我要讲一个关于我朋友的故事。可能你不会相信这件事，但它确实发生了，真的，真的很奇怪。对我来说，这是一个顿悟照片墙和现实的关系的时刻。我的朋友经营着一家比较成功的加工皮革与牛仔布的商店。她手工制作衣服，因为她就是这样的人——一个生产者。她主要在网上经营自己的商店，照片墙也是其中一部分。她店铺的照片墙资料页经过精心的设计和完善。不单单是一个帖子，而是整个用户页面，她都会使用一致的颜色、纹理和滤镜来营造一种独特的氛围。

她的照片墙账号不仅仅代表了一个精心设计与制作、集思广益和精心策划的品牌形象，这个品牌也是她自然地表达自己的一部分。虽然这个账号上满是有关她的产品、新设计、库存以及定时更新的内容，但她同时还会发布她的生活、婚姻情况，想法和观点等内容。她分享了长时间处理牛仔布被染蓝的双手的照片、和朋友的搞怪合影等。她用这样一种方式分享她的生活，以至于当她发布销售内容时，关注她的人不会觉得这是一桩买卖，而感觉像是她生活的延伸。她恰好因为，至少部分因为自己的身份才发布了这样的内容。

认识她后不久，我邀请她和她的丈夫去旧金山市中心看了一支乐队的演出。我对乐队阵容其实了解不多，据我所知，他们也一样。在几个略显无趣的开场节目过后，我尴尬地发现它们代表了我对音乐的审美。然后重磅登台了，这在我们的餐桌上引起了小小的骚动，我好奇地看着我的设计师朋友，她似乎是骚动的源头。原因是她认出了那位贝斯手，这位贝斯手从她的网店买了一条腰带，并且还正戴着它！这让她受宠若惊。我们开玩笑说她才发现自己的顾客是位名人，估计还有一堆戴着她制作的皮带的卓越音乐家。她讲述了她与这位贝斯手在照片墙上的一些对话，并说他是一个非常实在的好人。

演出结束后，我看到那位贝斯手在酒吧里闲逛，我向他介绍了自己，并告诉他，他的腰带是我的设计师朋友制作的，还说了她的店铺名称。他笑着说实在是太巧了，他记得那家商店。我又问他愿不愿意来我们的餐桌见一见我朋友时，他很高兴地答应了。当我们走到离餐桌大约 3 英尺（1 英尺 =0.3048 米）的地方时，我的设计师朋友抬头看到了我，她又望向那位贝斯手，然后再看着我，脸上浮现的只有震惊，然后她飞奔离开。噗！逃走了。我并不是说她在起身离开的过程中，引起了我的注意，而我没能阻止她离开。我的意思是，她几乎是飞走的，还差点把桌子撞翻了。我们一致认为她一定……呃……去了洗手间。所以那位贝斯手又回酒吧了。

几分钟后，她回来了，并不心潮澎湃，而是问我"你为什么要这样做？！"我惊呆了，并解释说我以为她会想私下见一见这个人，毕竟她设计的腰带被他购买了，他们还在照片墙上聊过天。所以可能会想打个招呼，对吧？大错特错。她向我解释说她其实并不想和他说话，她也不想私底下见他。她只想通过照片墙给他发一张演出的照片，让他知道她很喜欢他的表演。她创造了一种网络上的形象，而这种形象和她现实中的自己太过分离，以至于二者无法在现实对话中融合。她更认可，也更为照片墙上的自己感到自豪，而不是她在现实生活中的样子。

照片墙使我们每个人都成为影响者，即使受众很小。我们在照片墙上没有朋友，但有粉丝。我们分享的内容与其说，是可以和朋友聊天或者联系的话题，不如说是一种迫切的个人表现。比起脸书，我们在照片墙上会更多地策划我们的动态，对发布的照片也更有选择性并使用更多滤镜。在这类平台上，我们可能仍在和脸书或色拉布上的朋友联系，但我们也有可能被世界上其他不认识的人看到。所以，我们会在内容上添加标签和地址以使别人发现我们——毕竟，我们离应得的互联网名声之间只差一篇好帖子！

在超我网络空间中，我们通常被定义为现实中的自己，和现实认识的人之间也存在联系，但同时还有可能接触到整个网络中我们还不认识的人。照片墙、推特、抖音、移动摄影助手甚至领英都是超我网络平台的例子。这些平台中都用像标签这样的功能来联结原本毫不相干的用户和内容（图 6.1）。为了回应这些联结，人们倾向于表现出自己的理想化版本。大多数人无意欺骗，只是自然而然地这样做。我们并不是在试图欺骗别人，让他们认为我们的照片墙个人资料反映了我们整个生活的面目。只是当我们在一个个人表达与他人表达相联系的空间中被邀请表现自己时，人会自然而然地制作精彩、积极的内容，表达理想主义的信念以及发布好看得离谱的照片。

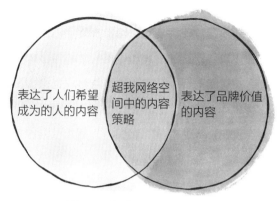

图 6.1　超我网络的内容策略

　　在弗洛伊德的模型中，超我是心智活动的最后一部分，随着本我和自我的发展而形成。你可能还记得，本我代表了我们与生俱来的、基础的、本质的驱动力；而自我则是在本我的欲望面对现实世界的限制时形成的，是行为的意识中心。那么，超我就是我们习得的规则的组合，这些文化规范描述了一个好人意味着什么，我们应该如何与周围的人相处以及我们应该成为什么样的人。"不要伤害他人"和"不要拿走不属于你的东西"是早期超我的简单例子。然而，随着社会交往不断地为我们提供反馈，超我的复杂性持续增长。因为本我充满了未经过滤的欲望，而超我则突出了可以被社会接受的文化规则，所以二者经常发生冲突，这最后取决于自我在它们之间的调解。

　　弗洛伊德指出，本我中包含的驱动力和冲动常常与大多数人所接受的、文明社会的规则不相容。虽然有问题的驱动力并不是本我的唯一特征，但它们往往被压抑并深埋在无意识中，那些被自我和超我接受的驱动力，能够更自由地被表达出来。但不可避免地，那些被压抑的冲动最终会"升华"，并以不同的方式表达出来。压抑和升华的过程类似于被困在水中的气泡。当一个想法或动力被视为不可接受时，它就会被"压抑"。也就是说，它被推至水面之下，从而形成一种无意识状态。但就像被困在水下的气泡一样，被压抑的驱动力最终会找到浮出水面的方法。也就是说，如果性欲被压抑，它可能会升华为完全不同的东西——更能被自我和超我接受的东西。弗洛伊德认为，梦是进入压抑和升华循环机制的窗口，它为分析人的心理活动提供了重要的视角。

弗洛伊德最关注的是人的攻击性和性欲，因为它们是被文化规则及其超我压制的主要驱动力。为了应对这些与他人和平共处格格不入的冲动，社会制定了一些规则来限制这些冲动的表达。一夫一妻制是一种用文化限制本我冲动表达的强制方法，因此，至少在理论上，一个人的性表达不会妨碍到其他人的性表达。而限制攻击表达的规则更为严格，一般来说，这种攻击行为只有在自卫的情况下才可以被接受。弗洛伊德认为，当人们压抑自己的性冲动或暴力冲动时，这些冲动可能会通过升华过程转化为对社会更有用的东西，比如艺术和学术追求。

但是，在弗洛伊德的模型中，压抑是有代价的："如果文明不仅对人的性欲，还对人的攻击性做出如此巨大的压制，那很容易理解为什么在这个文明中一个人很难感到快乐。"事实上，超我的专横本质（也许还有严格的文化规则），激发了弗洛伊德的起书名的灵感，《文明及其不满》的书名由此产生。这本书不仅详细描述了弗洛伊德的本我、自我、超我模型，还详细描述了本我和超我之间的内在冲突——人内心涌现的本能欲望和他学到的关于什么是"好"行为的准则之间的冲突。

人类发展的一方面是我们与生俱来的生存、繁衍和自由表达的本能，另一方面则是维护社会和平、正常运转、公平和平等的规则。在人类发展以及地球生命史的大部分时间里，世界一直由前者主导。在这种情况下，文化规则常常让位于对权力和资源的强取豪夺。弗洛伊德在《文明及其不满》中的批判性内容可以被理解为大家都知道的钟摆效应，由本我主导被校正至摆向由超我主导。弗洛伊德生活在 19 世纪的奥地利，鉴于当时的文化是维多利亚文化，情况肯定如此。现在我们可以说照片墙和推特等平台用一种非常不同的方式，再次将（某些）超我膨胀到暴虐、不健康的程度。

如果不加限制，超我可能会变成暴虐的独裁者

本我犯错会使世界陷入混乱，而超我犯错则使我们陷入暴虐、极权主义的噩梦。同样的比喻也适用于我们的网络生活。如果我们在超我网络空间中投入过多，就容易在心理上变得专横。如果我们让现实自我完全受获得超我积极反馈的行为类型的指导，那我们就有可能将自己的幸福和理智，交到那些甚至可能完全不认识我们的人的手中。

当有人觉得需要在色拉布上拍摄整个音乐表演，而不是自己真实地欣赏表演时；或者是应该排队观看赏心悦目的自然风景或鬼斧神工的建筑奇观，现在却只通过手机摄像头欣赏时；又或者在餐厅点菜纯粹是为了拍照时，超我的不平衡性就显示出来了，尤其是当个人体验的价值完全被社交媒体的用户参与度定义时。

超我在正常工作的前提下，是一种向善的力量。但当一个人开始和本性，主要是无意识的自我脱轨时，他的心理活动就会产生分裂。弗洛伊德认为本我和超我的这种不相容性是许多神经症或心理疾病的根源。

还记得上文提过之前有研究发现，63% 的照片墙用户在使用该平台后感到痛苦吗？照片墙是显示出最显著的抑郁效应的平台。那些称自己在使用照片墙后感到痛苦的用户平均每天会花 60 分钟浏览该平台。同一项研究指出，还有 37% 的受访者表示在使用照片墙后感到快乐。然而，称自己感到快乐的用户平均每天使用照片墙的时间仅为 30 分钟。

30 分钟的差异可能看起来不多，但每天都相差 30 分钟可能会对观看者产生巨大的心理影响。一项关于正念的研究发现，每天 30 分钟的正念训练可以帮助人们预防焦虑、抑郁，甚至一些心身疾病，例如心脏病和慢性疼痛。如果每天 30 分钟的正念训练可以产生如此深远的积极影响，那每天花费相同的时间浏览社交媒体对人们产生的影响便不足为奇。问题不在于超我，甚至不在于超我网络。问题始于超我不被控制以及不被制衡。浏览关于我们朋友精彩生活的内容不会带来问题。相反，当我们成为这些生活亮点的仆人时，我们就会失去与更完整的自己的联系。

照片墙最初只是一个用于编辑照片的应用程序，而后在此基础上发展起来了一个完整的社交网络。各种摄影、时尚、造型和视觉风格在照片墙上自然而然地蓬勃发展。这些视觉艺术产业倾向于理想化，往往到了一种扭曲的地步。这些理想化的类别合力将照片墙拉入超我网络空间。但还是有很多照片编辑应用程序以及以图像为中心的社交网络，并没有产生和照片墙相同的文化以及用户心态。所以，我们可能会得出这样一个结论，照片墙的文化及其结构与它的视觉艺术在本质上一样重要。

不同的超我网络都设法从我们身上提取理想化的表征，但它们提取到的往往是我们不同的理想化表征。照片墙的起源是一个照片编辑器，它引领着文化走向一种理想主义的审美，但推特文化却截然不同。虽然在结构上，推特和照片墙非常相似，但它的文化的视觉性不那么高，它仍然完全处于超我网络空间中。照片墙和推特的结构，主要都是围绕用户个人资料进行组织的。它们依赖单向"关注"的机制，并鼓励用户通过标签以及趋势进行内容探索。然而，推特倾向于优先将短文本作为其主要媒介，而照片墙则优先将图片与视频作为主要媒介。因此，超我在推特上的表现较少基于视觉表达，反而更多地围绕智慧、成就、联系和影响力展开。自称是推特瘾君子和大西洋作家的劳拉·特纳（Laura Turner）曾说："推特是人们成就的扩音器，是不安全感的放大镜。当你开始将自己的不安全感与他人的成就进行比较时，就会引发焦虑。"

在《推特如何增强焦虑感》一文中，特纳解释了该平台如何延续焦虑的自我强化以及自我评估的引导作用。特纳告诉我们，推特提供了无穷无尽的动态以供我们进行比较，并根据这些比较来衡量自己。但同时，推特文化往往又对焦虑等情绪的表达持开放态度。大脑是很复杂的。特纳又引用了哈佛大学的一项研究，该研究发现一个人透露自己的个人信息，例如自己的情绪状态的时候，会激活大脑中对食物、金钱和性等都作出反应的快乐中心。用弗洛伊德的话说，这是升华的一种方式——我们感到焦虑，压抑那些焦虑的感觉，然后找到一种方法来表达这种焦虑，将我们的体验变成更能被意识接受的东西。事实上，同一项研究还指出了在社交媒体上花费更多时间与焦虑水平升高之间的关系。美国媒体心理学研究中心主任帕梅拉·拉特利奇（Pamela Rutledge）得出了两者之间进化学意义上的关联："当我们感到焦虑时，我们会强迫自己不断地审视环境。因为这是让自己感到安全的一种方式。"这个循环是自给自足的。

在超我网络空间中吸引观众，意味着帮助他们展现理想的自己的各个方面

在超我网络空间中的品牌处于一个微妙的领域，人们愿意参与的内容都是被精心策划的内容。观众们在超我网络空间中，不仅通过对现实生活进行过滤，还通过展现理想身份来表达自己。更复杂的是，观众可能在不同空间中展现不同的理想自我——一些是围绕外表的，一些是关于旅行和生活方式的，还有关于食物、独家社会生活、职业、政治意识形态、哲学等的。一个人理想的自己可能是另一个人被压抑的自己，反之亦然。对于某些品牌来说，这种超我心态实际上有助于提高用户参与度，尤其是当该品牌代表了一部分用户理想中的自己时。请记住，当我们的网络身份和现实身份一致的时候，我们在网络上参与的内容就成为我们的数字"服装"。当我在照片墙上和耐克的帖子互动时，我将自己定义成一个运动员。就像当我和一些本土小型服装品牌的帖子互动时，我会将自己定义为一个不落俗套的、时髦的人。

现在，我们回到在超我网络空间中如何为用户提供价值的问题。品牌应该如何为人们提供和理想的自己对话的内容？或者如

何满足他们对被社会认可和接受的需求？或是在他们与别人进行比较时，如何缓解他们的焦虑？提出这些问题的必要性在于，观众们会非常严厉地评判品牌——"如果你不为我的经历增加价值，我不会以任何公开的方式与你互动。""公开"在这里很重要，因为这就是品牌在超我网络空间中展示其社会地位的方式。纵使在超我网络空间中，标志性的内容往往比标签性内容更重要，但它们提供价值的原则是一样的，因为用户的首要目的仍是表达自我。

或许标志性广告活动在超我网络空间中最好的例子是品牌Beats By Dre（一款时尚头戴式耳机）的"冲出某地"活动。在与环球影业合作推出电影《冲出康普顿》（*Straight Outta Compton*）后，Dre通过简单而强大的洞察力——就像其创始人德瑞博士（Dre）一样，发现每个人都以能够代表自己的家乡为荣。该品牌创建了一个名为"冲出某地"的网站。它允许游客在标志性的"冲出某地"模板内表达对家乡的不满。该工具很简单，与许多流行的在线"模因制作器"（meme maker）程序非常类似。用户可以上传自己的背景图，并将模版中的"康普顿"替换为自定义文本。自然而然，人们使用该工具充分发挥创意，而非简单遵循"冲出（你出生的地方）"的格式。例如，以空鸡蛋盒为背景，上面写着"冲出蛋盒"。

该广告活动成功地走过了在过于定制化的活动（导致品牌安全问题）与过于静态和僵化的活动（导致观众无法产生有意义的参与）之间锋利的铁丝网。发起这样的活动是需要勇气的。我基本可以肯定，负责批准这个活动的Beats By Dre品牌经理彻夜难眠地想象人们会用这个网站做的所有可怕的事情。

这份勇气是值得学习的。很多时候，品牌会回避那些能够让自己的信息被观众吸收的、灵活的社交媒体策略，因为他们害怕可能产生的负面效果。但当有人使用"冲出某地"网站创建一些下流或令人反感的东西（绝对有这样的人）时，最终的内容与其说是反映了 Beats By Dre 是个怎样的品牌，不如说反映了发帖者是个什么样的人。互联网允许所有人进行共享与编辑，但这并不意味品牌就如同温室中的娇花一般脆弱。

"冲出某地"活动为参与其中的观众提供了一种真正独特的自我表达方式。我们多久才会谈论一次自己的家乡？我们中有多少人的身份是部分根植于我们来自的地方？还值得注意的是，用户参与该活动得到的产出本身就很有价值——通过"冲出某地"网站的生成器创建的内容非常酷，也值得发出来。很容易想到一些类似的、基于标签的照片活动，例如，敦促人们"分享你家乡的照片吧！"如果 Beats By Dre 走的是这条路，那这场广告活动在开始之前就已经注定会失败。这种推动用户去生成内容的低级策略太常见了，并且也缺乏对人们和品牌互动的原因的基本理解。

至少"冲出某地"的成功部分源于它的模因机器——"冲出某地"的机制非常一致，易于识别；同时又非常灵活，每次迭代中都可以变得不同且有趣。如果该品牌执行了上文中我们假设的策略，要求人们分享他们家乡的照片，实际上它在要求每个人创造不同的模因机器进行分享。观众应该添加什么样的文案？照片应该是关于个人的还是反映城镇的？观众应该说一些关于自己或是他家乡的事吗？而"冲出某地"提供的模因机器，可以表达许多种不同的模因，从而简化了观众自我展现的过程。

"你来自哪里？"普通人通常很喜欢问这样的问题，但这对许多品牌来说，这样的问题是可怕的。如果有人来自贫困地区怎么办？如果这个人有一段艰苦的童年，并将这个品牌提示作为发泄的地方怎么办？通过提出这类问题，哪些东西可能会被附加于品牌形象之上？然而"冲出某地"活动成功的部分因素恰恰在于这个问题很有分量。它为人们提供了一个真正的途径来讲述他们自己的故事，至少是表现自己不经常表现出来的部分。你从哪来？你怎么描述它？你怎么为它代言？这些都是与文化有实际联系的问题。我们通过人们对这些问题的答案，了解关于他们的一些重要信息。

许多时候，品牌只说些"成为文化关联型的品牌"的空话，实际上却不愿意参与那些有文化权重的话题。我们找到一些人们真正关心，愿意去参与的话题。一旦我们这样做，结局不言而喻。"冲出某地"活动同时成为照片墙、推特和脸书上的趋势第一。该网站带来了超过1100万次的访问量、800万次的下载和70万次的分享。

超我网络空间中的自我表达并不总是沉重或严肃的。幽默起着重要作用，但并不总是通过直接的方式。通常，在超我网络中，我们会对最困扰我们的事情不很看重，或者对自己的不安全感进行自嘲。这是一种支持理想自我的方式。作为一个完整的、复杂的人类，我们可能对自己的体重、外表、自己推文得到的反馈以及在圣诞派对上喝醉等感到不安。但在超我空间中，我们很可能通过自嘲或假装自己全不在意来隐藏这些恐惧。自嘲在社交媒体中，常常会通过快餐品牌的内容表现出来。塔可钟、温蒂汉堡和麦当劳等品牌在社交媒体上拥有大量用户参与的原因部分在于它们代表的东西——自由自在、追求当下的快乐、健康文化的逆向主义等。

亨氏（Heinz）品牌利用这种趋势，让人们在一场有争议的活动中，集体声援自己最喜欢的食物，宣传一种名为"蛋黄茄酱"的新产品。蛋黄茄酱是亨氏蛋黄酱与番茄酱的结合，这并不是亨氏试图出售的一个新产品。该广告活动只是旨在加深人们对亨氏新品蛋黄酱的了解。看上去很可笑，对吧？为了宣传真正的产品，亨氏制造了一个假产品并围绕它开展了一场活动？尽管听上去不可思议，该活动却超额完成了目标——亨氏发布的内容在48小时内产生了超过10亿次的点赞和分享，其蛋黄酱产品的知名度提高了28%。该品牌本可以很简单地采取直接的方式来推出产品——只需在自有社交渠道上发布一张白色背景的产品图，然后等待数十次用户参与。通过创造一个虚假的、引起分歧的产品，该品牌激发了一场诙谐的辩论，推动了大量的参与并赢得了影响。

在发布内容时，亨氏分享了一张"蛋黄茄酱"的模拟图片，并将其发布在推特上——"想要在商店里看到蛋黄茄酱吗？赞成票达到50万张，我们就向你们这些无礼的美国人发布这款产品。"这条推文获得了超过2.5万个赞、1.4万次转发和近100万人投票。赞成方以55%的微弱优势获胜，刚好足以让产品上架。在真正的推特时尚中，接下来几个月里的蛋黄茄酱的支持者和反对者之间的激烈争论，常常带有"蛋黄茄酱"的主题标签。亨氏利用推特文化令人不快但又具有良好幽默感的本质，发起了一场荒谬到无法认真对待的辩论。是炸酱吗？是什么花式酱汁吗？是俄式沙律汁吗？很恶心吗？推特无法决定，但如果作为一个准备推出新型蛋黄酱的品牌，这正是它所需要的。

在"蛋黄茄酱"活动的后续阶段，亨氏再次在推特上征求应该在哪个城市投放第一批产品。这次亨氏鼓励人们使用"#蛋黄茄酱[你的城市]"来发布推文，这是一种在大规模活动中将产品本土化的绝妙机制。通过让不同的城市相互竞争，亨氏能够重新引发人们的争论，人们在自己城市的主题标签中添加了代表激动和期待情绪的表情包，甚至还有在蛋黄茄酱主题标签下的人们在高呼自己城市名称的声援视频。和 Beats 的广告活动一样，亨氏提供了一个人们可以在上面自由地表达自己的平台。

在开展跨地域活动时，许多品牌会默认使用本地化策略——调整内容并仅将其定位至特别相关的地区。当目标是激发用户讨论和参与时，我们需要重新思考这种做法。亨氏可以使用"#蛋黄茄酱芝加哥"以指向芝加哥的用户，但是该活动的结构实际上允许不同地区的讨论交织在一起，并产生更广泛的蛋黄茄酱大讨论。在#蛋黄茄酱芝加哥里发生的事可能对"#蛋黄茄酱底特律"（#MayochupDetroit）的人们来说意义重大，反之亦然。让这些不同地区的讨论相互碰撞有助于激发新的讨论，从而使这个话题保持活力。

冲出某地和蛋黄茄酱活动都在利用人们在社交媒体中定义自己的方式以获得关注。这两个活动都充当了用户展现自己和表达自己的平台。根据定义，超我网络空间倾向于标志性的内容，因为自我表现是用户从参与这类内容获得的价值的基本组成部分。但标签性内容也在蓬勃发展，尤其是当内容本质上带有一些标志性的时候。

标签性内容只需要通过理想自我的测试："别人知道我保存了这个会让我自己感到高兴吗？"食谱的内容就是该原则的一个很好的例子。美食摄影是一种自然流行的、标志性的内容流，在超我网络空间中得到了很好的体现。但标签性内容，例如食谱和厨房窍门相关的内容也在超我网络空间中蓬勃发展。这些内容帮助观众了解如何将复杂的食谱分解，教观众做一些新的东西，或是装饰一些原本很普通的东西。我们中的许多人都渴望成为出色的家庭厨师，并向外界展示我们在厨房里有多灵巧，多具创造力。

因此，展示新食谱每一步的做法的内容不仅会帮助我们学习，也能体现我们兴趣的深度。我们并不只是在消费最终的成品，我们还在学习如何把它们做出来。用户 @buzzfeedtasty 在照片墙上拥有超过 3400 万的关注者，这个账号专门发布一些食谱窍门以及食物做法的内容。该账号几乎每个视频都有几百万的播放量。健身、小众爱好、摄影以及任何帮助人们了解一些他们会因与外界分享并感到自豪的内容，都具有带来超我网络空间中的用户参与的巨大潜力。

内容可以既具实用性，又能唤起人们的超我

劳氏公司（Lowe's）创造了一系列特别强大的标签性内容，这些内容通过其 "# 劳氏 6 秒修缮"（#LowesFixInSix）活动在超我网络空间中自然而然地走红了。该活动在推特和 Vine（微软公司开发的基于地理位置的 SNS 系统，类似于 Twitter 服务）上开展（哦，还记得 Vine 吗？）。该活动的内容概念很简单，开展得也很顺利，受众也很喜欢。劳氏公司的天联广告创意团队制作了一系列 6 秒的视频，展示了简单的生活小窍门、自己动手项目以及家居装修技巧。创意团队将低成本制作视为成功的主要驱动力，因为这允许他们在广告中创作 100 多条内容。在开发拥有强势有机成功的内容时，尤其是在概念筹备阶段，几乎不可能预先确定谁

会是赢家，因此投资大量创意通常是一个不错的策略。生产价值往往和推动有机分享的因素关系不大。

活动的创意被执行得非常出色，使用了低门槛、易于被分享的模因机器来传达想法。事实证明，Vine 平台特别有利于约束品牌的模因机器，使其在交流中变得轻便高效。Vine 不仅是当时的一个热门平台，它上面内容的形式也有利于推动社交分享。Vine 要求帖子的形式是 6 秒的循环视频，其本质上是一个有声音的短动图。这些短式的动图格式充分利用了每个平台，因为它对内容传递的效率有很高的要求。视频以生活小窍门为特色，例如使用橡皮筋移除剥落的螺丝，使用橡皮槌和饼干切割器制作完美的南瓜灯以及用胶带把架子水平挂起来。

"# 劳氏 6 秒修缮"活动的内容既具有实用性又具有代表性。这些视频的实用性是显而易见的，这也是录制这些视频的首要目的。但这些视频的内容同时又具有代表性，因为对这些内容的参与表达了有关分享者的一些信息。分享这些视频可能意味着，"我是房屋维修的新手，这些是我现在面临的问题。"或者是"我是一位房主，这个视频是我最近想学着做的东西。"又或者是"我是一个修缮老手，我知道该怎么做，但这条小妙招对我很有帮助，我觉得你也应该知道它。"

通过创造一些既能为观众提供有用的信息，又能帮助观众表达自己的内容，劳氏公司的创意很成功，风靡整个社交媒体平台，并产生了巨大的影响力。仅在 Vine 一个平台上，"# 劳氏 6 秒修缮"标签中的视频就产生了数百万次的播放量，而且 Vine 平台不会进行收费推广。关于如何使用橡皮筋移除剥落的螺丝的视频，播放量就达到了 740 万次。由于劳氏公司是一位先行者，且

Vine 平台当时前景良好，所以该系列内容得以获得成功。按照今天的标准，视频中的大部分内容都会被认为是格格不入的——"放轻松！DEWALT 2-PC 20V 组合原价 199 美元，在黑色星期五那天仅售 149 美元。"许多帖子都有类似的以销售为中心的漏斗式文案。但是因为其内容为观众提供了价值，所以展示销售内容不会带来问题。但这是许多品牌在社交媒体策略中犯的一个大错——宣传要出售的东西。我们懂，观众也懂，我们知道观众懂。此外，观众也知道我们知道他们懂。我们不需要隐瞒自己的意图，只需要在宣传销售物品的同时，为用户增添一些价值。

那么，"# 劳氏 6 秒修缮"的创意会在自我空间中发挥作用吗？绝对可以。劳氏公司在脸书上分享了一部分视频，其中许多拥有数十万次的播放量。出色的社交媒体创意经常会跨平台寻找受众。鉴于自我网络空间和超我网络空间通常都是用户进行自我展示的空间，所以许多适用于脸书的成功案例同时也适用于照片墙，但它们的成功原因是有所不同的。

自我网络空间和超我网络空间之间的主要区别之一是，在超我网络空间中，我们不会被现实生活和身份所束缚。虽然理想身份是我们参与自我网络空间的一个因素，但它实际上具体体现在超我网络空间中。人们常常通过体现自己理想自我的代表人物来代为表达自己。如果我们认同某种时尚，我们可能会关注追随一些名人设计师。如果我们认同某个运动队，我们可能会关注这个球队或是追随自己最喜欢的球员。如果我们认同那些使肾上腺素激增的极限运动，我们可能会关注 GoPro[①]。

---

① GoPro，美国运动相机厂商，其生产的相机广泛运用于一些极限运动的拍摄。——译者注

GoPro 分享了一些令人向往的内容的缩影：专业的极限运动员表演滑稽的特技。我们中的大多数人（接下来我可能会针对一些人，我很抱歉）可能不会从锯齿状的山头骑自行车下来、编队跳伞、在和建筑物一样高的海浪上冲浪，或是在水下洞穴中潜水。但这并不意味着我们不认同这些运动所代表的东西——勇敢、肾上腺素、征服死亡、钢铁般的意志。这也不意味着我们不想要一个可以捕捉这些极端运动的相机。订阅 GoPro 的账号并参与其内容是一种表达我们是爱冒险的、充满活力的，并且愿意直面恐惧的方式。GoPro 在照片墙上拥有超过 1600 万粉丝，在推特上拥有超过 220 万粉丝，是一个市场定位与用户超我相关的品牌。

同样的现象也出现在很多健身品牌。照片墙上最受关注的健身网红不是那些拥有最实用知识的人，也不是那些从不健康的体型锻炼到正常体型的人。这些健身网红是这个星球上最健康（或至少看起来非常健康）的人。例如，拥有超过 1300 万粉丝的健身模特米歇尔·勒文（Michelle Lewin）、拥有超过 500 万粉丝的专业健美运动员凯·格林（Kai Greene）以及拥有超过 500 万粉丝的西蒙·潘达（Simeon Panda）等腹肌出众的名人教练们都赢得了这场"互联网关注大赛"的冠军。是因为大家喜欢按照他们出的教程进行训练吗？还是说他们激发了大家健身的欲望？都没有。

我们喜欢看到并且被那些已经超越他们的极限（或许也是我们的极限）的人吸引，因为这些人表达了我们对理想自我的愿景。耐克的广告正是基于这种洞察力——我们都是运动员。当我们穿耐克鞋时，当我们在健身房健身完准备离开时，当我们在争论是否要下床锻炼时，我们中的一部分人其实将自己想象成代言耐克的超级运动员，我们感到充满力量。

将品牌提升到被超我渴望的水平并非易事，但某些类别天然就具有这种契合度。时尚、美食、健身、音乐以及任何代表爱好或兴趣的类别，通常都能找到方法和人们的理想自我保持一致。一种品牌利用这种趋势获得超我网络空间中的人们的倾慕，就是聘请那些影响者们。

超我网络与影响者们携手并进的部分原因，是他们往往和人们理想自我的某些方面相关。超我网络结构还允许影响者相对自然地找到和壮大自己的追随者群体。当品牌使用的影响者正确进行广告活动时，品牌能够借用影响者已有的信誉，为这些影响者的受众提供有用的东西，并吸收大量新客户。不幸的是，这样的广告活动很容易走上错误的道路——定价过高，缺乏推广可行性的无效创意，或者更糟糕的是，在我们的目标受众前使自己处于一个尴尬的境地。

影响者推广活动要求我们将品牌内涵交到合作伙伴手中

影响者的推广活动更像是艺术而非科学。过多的品牌接触，会让这段伙伴关系给人一种被迫的和不真实的感觉，而与品牌接触太少，这段合作伙伴关系将无法传递有用的广告信息，而且往往会让影响者的观众们感到一头雾水。美德威尔（Madewell）品牌是开展影响者活动的一流示例。该品牌以其持续的影响者营销而闻名，这对于一个相对年轻的时尚品牌来说是非常有效的。照片墙这个平台带来了诸多业余而又近于专业的模特，而美德威尔策划了将既具激励性，又具共情性的这些模特博主和品牌服饰联结起来的活动。美德威尔成功地平衡了其与合作伙伴之间的关系，使活动内容在感觉上，就像是影响者生活的一部分，并且与美德维尔及其产品联系在一起。

美德威尔没有掉进"强制关键信息"的陷阱，这是影响者营销中常犯的一大过错。当品牌推广者为影响者提供文案，或是要求影响者在其标题中使用特定的关键词时，活动内容基本上都会让人感到虚假和做作。原因可能是因为它确实如此。"但我们付了钱让他们发布内容！"你的客户说。没错，这样的想法是完全合理的。我们只需要在整合品牌信息的方法上变得更有创意。有的影响者会花费近乎全职的工作时间来创建、维护和发展自己的频道，所以，他们的观众是非常了解他们的。即使出于品牌商之口的文案通过了其团队自己的测试，它也有可能无法逃过观众的火眼。

美德威尔使用了一种明智的策略填平了传递品牌信息和影响者自己的表达之间的鸿沟。它往往会给影响者们提供一些提示，而非现成的文案。在美德威尔的情人节广告活动中，一位照片墙用户 @citystage 为美德维尔的牛仔裤发布了一篇推文。在她的照片中，她端着一个红色的咖啡杯，身着美德维尔牛仔裤，双腿翘在一些粉红色的椅子上。她告诉她的粉丝，"为了纪念情人节，@madewell1937 让我分享一些我喜欢的东西……就像清晨的第一杯咖啡，最舒适的百搭牛仔裤，粉色加红色的放肆浪漫……大家情人节快乐 ♥🖤🧀🥐！#美德威尔牛仔裤 #闪光灯（照片：@teamwoodnote）。"

　　这篇帖子设法将影响者为品牌推广的居心隐藏在了明显的位置——"美德威尔让我这样做的。"美德威尔经常会为任何一个给定的活动雇用多个影响者，并且给予影响者提示，还有助于战略地解决这个可扩展的问题。美德威尔提供的提示允许每个影响者有不同的解释。即使品牌自然地将品牌短语悄悄安插在影响者的帖子中，如果同一个短语在多个影响者的内容中重复出现，观众也很容易会准确地发现它的不真实性。如果美德威尔要求影响者在内容中加入这句话，"我喜欢我的 @madewell1937 牛仔裤，因为它们很舒服，而且很百搭！"那么，该活动就会让观众感觉虚伪做作。但是，"分享一些你喜欢的东西"这个更广泛的提示拥有足够的适应性和可扩展性，使作为合作伙伴的影响者们能够创造各种各样的品牌内容。

　　美德威尔不仅在特定的活动中才会使用一致的主题标签，在它全部的社交媒体活动中也一贯如此。这不仅有助于将品牌悠久的历史与影响者的内容联系在一起，还鼓励用户产生自己的想法并推动有机共享。当影响者们通过美德威尔的标签发布新帖子时，会在这些帖子中累积出一种特殊的审美。并且，在超我网络空间中，每个用户都是一个小小的影响者，作为那些大影响者的粉丝或是美德威尔的爱好者，用户们也会很自然地使用相同的标签分享自己的照片。美德威尔并没有撰写一系列牛仔裤营销文案，明确要求人们"分享照片说说自己为什么喜欢美德威尔牛仔裤！"，而是在其号召性用语中保持低调，从而创建了使社交网络的机制自然运作，而用户自主生成内容的引擎。事实上，美德威尔在自己的网站上有一个专门的"社区"分区，其中展示了来自它所有主题标签的照片，用以感谢粉丝们的贡献。美德威尔利用照片墙，让粉丝们能够和他们追随的影响者一起，分享自己的穿搭，实际上是一种对于超我网络空间的战略性利用。

在超我网络中，社会地位意味着一切，尤其是对于品牌而言。高粉丝数、发布的照片和标签有活跃的用户参与以及内容被大博主转发的数量，都是品牌在超我网络空间中建立信誉的方式。品牌推广者们在社交媒体中，往往习惯于表现出一种习惯道歉的倾向。只要发布的内容有被用户抵制的迹象，品牌推广者就会迅速退缩，删除帖子、视频，取消这段广告活动，下跪并请求社交媒体之神的原谅。超我网络空间中的品牌需要厚脸皮。温蒂汉堡在这方面依然做得很出色，它是一个从容应对批评，同时又坚持朝着战略的、缜密的、有趣的结果不断进发的品牌。

温蒂汉堡可能比其他任何品牌都更为成功地成为模因文化的一部分。因为该品牌已经真正被模因文化所接受。模因文化和超我网络之间的关系比较有意思。虽然这似乎有悖于直觉，但一些在本我网络中蓬勃发展的幽默在超我网络中也成功地传播了。这也许是因为自嘲式幽默是许多人超我的一部分，也许是因为了解前沿的模因文化本身就是某些人理想的一部分，也可能因为超我网络往往有一些匿名空间的显著特征。无论如何，温蒂汉堡通过理解模因文化，并对模因文化有所贡献，成功地带来了大量的用户参与。

品牌在模因文化中最容易犯错的地方之一，就是错误地使用模因机器。不论是打乱文本、使用错误的字体，还是滥用原始模因所表达的情感，都属于模因误用。正确地使用模因机器需要耐心和对细节的关注。当温蒂汉堡成功改编出一个新格式，以证明它已经掌握了一个模因时，那些参与该品牌模因的人表达了两件事。第一，温蒂汉堡创造出了一个和模因文化有关的有趣的模因。第二，他们觉得这个笑话很好笑。模因文化利用想法和模因机器来定义模因间的界限，且因模因们都处于不断发展的阶段中，所以认同模因文化的人本身就有动力去展示自己是模因文化的一员。温蒂汉堡已经学会非常流利地运用模因文化的语言。

模因文化确实代表了一种新语言，而学习一门新语言并不容易。当人在学习新事物时，犯错误是不可避免的。在温蒂汉堡将其品牌声音与模因文化的内容相磨合的阶段中，也犯了许多错误。毫无疑问，当时温蒂汉堡的团队肯定收到了类似这样的信息："远离模因文化，你不属于这里。"很多社交媒体团队听到很多次这样的反馈后，选择就此作罢。但温蒂汉堡没有。当内容受到批评时，温蒂汉堡不会退缩，这点对于品牌在超我网络空间中保持体面至关重要。这并不是说温蒂汉堡对于那些遇到订单问题而不满意的客户视而不见。当出现问题时，温蒂汉堡会非常诚恳地回应："这不是我们所期望提供的服务。请把门店名和您的联系方式发给我们，以便我们进一步调查。"但这样彬彬有礼的温蒂汉堡却以其在推特上的"无礼"而闻名。

一位用户评论"如果你回复我，我会把你们菜单上的东西都买一遍"来挑衅温蒂汉堡的账号时，温蒂汉堡回复说："到你证明的时候了。"而后，该用户用一张垃圾袋的照片，并以"这是你要的证据"为标题进行反驳。温迪则回应说："感谢你的宝贵分享。"仅这一条回应就产生了超过3000次的转发以及15000多个赞。虽然在超我网络空间中，这个策略非常有趣并且吸引用户参与其中，但它对品牌的心态有比较高的要求。温蒂汉堡说："我们对自己的品牌充满信心。我们不会被用户欺负！"但无疑，它在推特上一直被用户欺负。

不幸的是，大多数品牌在社交媒体上都表现欠佳，以至于他们似乎仅仅因为占据了空间而感到内疚。有些人对模因温迪的帖子做出负面回应，但它会从容应对这种反馈，并敢于且在适当的时候回击。作为品牌，我们需要了解真正的普遍反对和少数负面评论之间的区别。为了在文化中表现尊重，我们需要坚定地支持我们所说的，我们需要展示与我们所说的品牌形象一致的行为。

当人们围绕促进自我表现的个人资料进行活动时，人们和现实中自己的身份以及现实中的朋友们联系在一起，并且有可能接触到一个充满陌生人的世界，此时展现一个理想版的自己是天经地义的。人们在超我网络空间中并不是不诚实，只是比起自我网络与本我网络而言，更倾向于体现一个策划得更为精心的角色。如果一个品牌希望在超我网络空间中吸引受众，那么它需要找到和人们的理想自我保持一致的方法，或者找到另一种方法使品牌本身就能够代表和受众理想自我相关的东西。

超我空间将人们置于一种涌现自我表达的模式中。我们分享的照片、我们参与的内容以及我们与之互动的朋友们，都是我们在广泛网络中定义自己的方式。对品牌来说，品牌不仅要找到为观众的理想自我增值的方法，还必须保持品牌的真实性和一致性。寻找在超我空间中增值的方法，不仅需要战略性地理解受众是谁，还要理解他们渴望成为什么样的人。如果品牌能找到一种方法来帮助他们的观众表达理想自我，那么参与度就会自然而然地提高。

✍ 要点总结

- 超我网络是指人们通常可以被视为现实身份，和现实中认识的人有某种联系的同时，还有可能接触到网络中任何一个陌生人。人们表达着理想版的自己。

- 为了推动超我网络空间中的用户参与，我们必须创造符合人们理想自我的某些方面的内容。这需要对品牌所代表的东西有一个诚实的、自知的理解。

- 一个人在超我网络空间中参与的每一条内容在某种程度上基本上都是标志性的。

- 社会地位在超我网络中极为重要，品牌可以通过提高用户的参与度、增加粉丝数、和其他有声望的影响者以及品牌合作来展示它的地位。

- 与具有网络影响力的人合作可以是一个建立品牌意义、提升品牌地位的有力策略，但它给观众的感觉必须是自然的，这样才能有效地影响观众的意见。

真实自我网络未实现的力量

本我和无意识的自我

"匿名性已经毒化了网络生活"，2016 年《大西洋月刊》(*Atlantc*)一篇名为《如何修理互联网》(*How to fix Internet*)的文章的副标题如此写道。文章开头说了这么一段话：

> 我们必须要修理互联网。40 年来，它腐蚀着它自己还有我们。它仍是一项了不起的、神奇的发明，但现在地基里有虫子、钟楼里有蝙蝠、地下室里有巨魔……
>
> 我喜欢互联网，也喜欢它的所有数字化分支，但我哀叹的是它的衰落。

这篇文章体现了媒体对网络匿名的普遍态度。似乎只要能够消除互联网的匿名性，我们就能制止网上钓鱼、网络霸凌以及其他网络不良行为。作为网络问题行为的根源，匿名性的罪名绝不是无中生有。2012 年，纽约州的立法议员甚至提出了一项法案，要求总部位于纽约的网站删除所有不是直接附属于用户真实身份的内容。

更糟糕的是，这些论点中的大多数都没有引用有关匿名性对网络行为的影响的实证研究，即使他们引用了，研究和结论之间的相关性也很微弱。以 BBC 一篇名为《网络匿名的危险性》的文章为例。文章指出，"研究表明，当人们处于一种隐匿的状态时，他们更有可能以不诚实或是不道德的方式行事。"该论点引用了一篇 2012 年的研究论文，论文内容是论证当科技使作弊成为可能时，学生是否倾向于更频繁地作弊。

尽管网络匿名很受欢迎，但我们也很少听到支持网络匿名的观点。根据亚马逊旗下的全球排名系统 Alexa 排名的数据，拥有大量基于共同兴趣的匿名社区的红迪网，如今跻身全美流量排名前十的网站。确实有少数人会为网络匿名辩护，通常他们会引用一些相对边缘但引人注目的案例，如举报以及揭露原本被压下去的新闻。在《混乱：被匿名掩盖的网络黑社会》一文中，《纽约时报》将伊朗与埃及反对派的政府文件泄露归因于匿名。这个事件似乎……呃……非常重要。但是，文章的下一行立刻就一改这种积极的态度，写道"毒贩和枪手也很喜欢匿名"。

匿名是一件奇怪的事情。这不是我们天生就被赋予的东西。纵观历史，人类总是出于各种各样的原因，使用面具之类的物体来遮盖脸部以免被抓到——保护自己、艺术表达、仪式形式、娱乐形式等。网络匿名和这个非常相似。人们在网上使用多种多样的匿名方式，匿名性在带来了一些内在风险的同时，也为我们提供了自我保护——一个和我们精心策划的身份相分离的精神呼吸空间。匿名允许人们做出一些创造性的情绪宣泄和语言表达，且不会产生社会影响。它为我们提供了探索尚未成为我们身份一部分的新兴趣和新想法的空间。这是人们在不必公开宣布"这就是我相信的事"的情况下了解某事的自由。

当参与匿名网络时，人们倾向于围绕他们的共同兴趣和想法进行组织，因为都摆脱了现实身份，人们还要组织什么啊？人们是围绕话题组织起来的，所以本我网络也倾向于促进用户之间的共享体验（图7.1）。没有两个人的脸书订阅推送是完全一致的，但同在红迪网的运动鞋社区（r/Sneakers）的每个人都会看到同样的内容（相同的鞋子）。人们在网络中围绕一些共识分享各自的经验，会产生一种社区感，这和人们在基于现实身份的网络中相互联系的方式截然不同。这种对网络社区的认同感给人们带来了一种深刻的信任感，而这种信任感是营销人员所缺乏的。

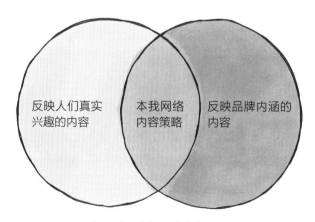

图 7.1　本我网络内容策略

网络信任也是一件神奇的事。在人们想要获取有关品牌和产品的可靠信息时，人们最愿意去看谷歌和亚马逊上的相关评论。2018 年的一项调查研究显示，这两个平台上分别有 88% 和 89% 的用户相信他们收到的信息。那么脸书、推特和照片墙等平台的相对落后可能也并不出乎意料了：分别是 58%、64% 和 66%。不过，可能出乎你们意料的是，有 86% 的红迪网用户相信其他红迪网用户推荐的品牌和产品。抛开匿名不谈，社区型网络比基于身份建立的社交网络培养了用户之间更深层次的信任感。

网络上的内容可能会对现实行为产生影响

今天，我们的身份会跟随着我们去往所有地方。大多数网站都允许我们使用自己的脸书或谷歌身份进行登录。人们很容易忘记匿名性是互联网生活早期发展的主要特征。如果说匿名性是一种破坏性的力量，那互联网永远不会成功地拥有今日的文化和经济力量。大多对匿名的批判都解释不了互联网如此发展的原因。匿名性是不会产生那些有问题的想法的。想法源于人。所谓摆脱匿名性就能消除互联网上有害想法的观点是天真的。我们真正应该问自己的问题是，这些有害的想法、网络匿名表达以及它们对现实世界的影响，这三者之间有什么关联？

有一项关于网络匿名性的影响的宏观研究，大家几乎都没有注意到。2006 年，克莱姆森大学教授托德·肯德尔（Todd Kendall）发表了一篇研究论文，在该研究中，美国人被描述为一组 50 个人的个人案例，研究人们在访问互联网时会发生什么。

Slate 杂志（美国知名网络杂志）的一位作者史蒂夫·兰茨堡（Steve E. Landsburg）指出，肯德尔的研究和加利福尼亚大学教授戈登·达尔（Gordon Dahl）与斯特凡诺·德尔拉维格纳（Stefano DellaVigna）曾进行的一项研究之间存在关联。在该研究中，他们研究了暴力电影的发行对暴力犯罪行为的影响。他们发现，暴力电影上映的一段时间内，暴力犯罪发生率往往会减少。研究人员比较了以下两部电影——《汉尼拔》（*Hannibal*）与《超级无敌掌门狗：人兔的诅咒》（*Wallace and Gromit: The Curse of the Were-Rabbit*）的影院收视率。这两部电影在不同的时间上映，都吸引了大约 1200 万观众到影院观看。达尔和德尔拉维格纳指出，观看暴力电影的人数每增加 100 万，暴力犯罪率会下降 2%。该研究甚至发现，没有任何证据能够表明，在电影放映的几周后，暴力犯罪率会回升，从而弥补之前暴力犯罪率的下降。

达尔发表在《纽约时报》的一篇文章中解释道："这相当于把很多暴力的人从街上带走，然后再把他们放在电影院里。"我认为这是一种较为肤浅的分析，其背后可能有着更深层的心理现象。而这点恰好也是弗洛伊德和精神分析学家们提出详尽理论解释的东西。

针对这些研究所提出的现象，弗洛伊德的学生卡尔·荣格（Carl Jung）的理论是我认为更有说服力的解释。荣格将人的一部分心理活动概念化，并将其称为"阴影"（the shadow），通常等同于弗洛伊德的本我——人类心理活动中无意识的、未被探索的部分。对于荣格来说，成为一个有意识的、完满的人需要人们自发和阴影对抗："阴影伴随着每一个人，它在一个人有意识的生活中体现得越少，它就越黑暗、越浓郁。"

也许这是一种对抗或发泄，这种阴影在网络匿名的情况下广泛存在。匿名互联网并不会对不为世人接受的、禁忌的思想进行大规模压抑，而会为这些思想提供一个宣泄的出口，且不会对现实产生什么影响。当我们为自我压抑留出一部分表达空间时，被压抑的负面情绪就能得到一些释放。如果我们还是继续压抑着这些部分，那被压抑的负面情绪可能就会接着生长而后溃烂。就像前文提到的弗洛伊德的模型一样，被压抑的思想就像水下的气泡一样，而网络匿名允许它们在没有物理表现的情况下得到升华。

这并不是说所有暴力犯罪和不良行为都可以通过访问匿名网络来解决。更确切地说，如果说观看暴力电影可以在一定程度上减少暴力犯罪，而访问网络色情内容可以在一定程度上减少性犯罪，那么如果能在匿名网络上找到合适的表达，也许其他的一些问题行为也可以被避免。人们可能对色情和暴力电影有一种道德层面上的反感，但如果网络表达和现实结果之间确实存在明显的负相关，这至少是值得我们研究一番的。

无论是在心理学读物中，还是只是对网络匿名的隐喻中，认为阴影和无意识都只是以黑暗的欲望为特征的说法是完全不正确的。一些平台，例如 4chan 在执行平台规则方面天生就不那么严格，这也确实会助长那些冒犯的、恶心的以及其他有问题的对话。但即使在互联网中，那些黑暗的部分、带有恶意的用户也只是例外，而非常态。作为红迪网营销部门的领导，我经常会被不熟悉该平台的人问起这样一个问题："当人们处于匿名状态时，他们不就是仇恨的、种族主义的、厌女的、恶心的吗？"每当被问到这个问题，我总是很想用另一个问题来回答："那你会成为那个人吗？"对于大多数人来说，答案肯定是"当然不会！"匿名只是为我们提供了一个观察世界的全新视角，并且这个视角会比在其他社交平台上更为灵活。匿名平台为我们探索世界与自我提供了更大空间。

匿名性可以在不影响人们自我的前提下，改变人们的想法

这个不包含自我的空间——人们有改变想法的空间——对用户而言非常重要，对品牌来说也非常重要。当人们在参与脸书和照片墙等社交网络时，很少会看到细致、深入的讨论，尤其是关于一些忌讳的、容易引起强烈情绪的话题时，例如政治或宗教等话题。在自我和超我网络空间中，我们对捍卫自己的信念（以及该信念所支持的自我意识）更感兴趣，而不是去探索新想法。在默认状态下，我们的姿势都是防御性的。那些挑战了我们自我意识的内容就像是一种威胁。当和我们意见不一致的人在政治话题中占据了优势，我们更有可能会直接回避这个话题，而不是在话题中进一步提出自己的批判性分析。

在本我网络空间中，关于敏感话题（包括政治）的讨论非常火热。政治辩论不会在公开场合进行，至少不会在个体与个体之间进行。匿名网络空间中的政治对话更像是无实体的思想与思想之间的争执，而不是相信它们的人与人之间的争执。因此，虽然我们可能会看见一些令人愤怒、沮丧或骇人听闻的言论，但当这个讨论是在匿名空间中进行的时候，重点仍然是在想法本身。或许这种情绪体现于行动中的最佳例子是一个名为"改变我的看法"（r/ChangeMyView）的红迪网社区。顾名思义，该社区是为用户建立的，通过建设性的辩论，检查他们根深蒂固的信念。辩论往往是很文明的，并且仅限思想火花之间的碰撞，很少会演变成自我网络空间中常见的谩骂与人身攻击。

"改变我的看法"社区会使用特定的结构来引起对话。首先，

原帖主（原帖子的主人）会写一个标题，描述他们想辩论的话题；然后他们用几段内容来扩展标题，解释他们为什么得出这个结论。一些社区成员会赞成该帖子，认为该话题确实有很多可以辩论的点，还有一些社区成员会提供不同的观点。有时这意味着完全反对原帖主的观点，但更多的时候，观点的分歧会发生在更细微的地方。"改变我的看法"社区中的帖子往往很长，评论区的内容也是如此，这是社区健康发展的证明。人们不仅愿意阅读长篇文章，而且还是在充分了解这些帖子是由他们"对手"撰写的情况下，依然愿意阅读。当某位响应者提供的观点改变了原博主的观点，或是让他能够用不同的方式思考问题时，原帖主会颁给该评论一个"小三角"（delta）。希腊符号 delta（Δ）在物理学和数学中，是变化的同义词，也是"改变我的看法"社区的用户会"佩戴"的一个标志。

　　"改变我的看法"社区中的话题范围非常广，从政治到公司政策、宗教、伦理、道德等。该社区拥有近 100 万成员，但该社区的精神在整个红迪网平台上都被更广泛地感受到了。通常，内部有观点冲突的社区会开发一个和"改变我的看法"社区机制类似的缓冲区。例如，无神论者社区创建了"无神论者内部辩论社区"（r/DebateAnAtheist）以促使成员保持怀疑态度的讨论。同样，基督教社区也建立了"基督教内部辩论社区"（r/DebateAChristian）；自由主义者创建了一个名为"向自由主义者提问社区"（r/AskLibertarians）；红迪网用户中的 LGBTQ+ 群体主持了一个名为"向 LGBTQ 提问社区"（r/AskLGBTQ）；红迪网用户中的素食主义者们经营了一个名为"素食主义辩论社区"（r/DebateAVegan）。类似的社区还存在于红迪网各种根深蒂固的观念差异断层线之上。

在匿名空间中吸引用户参与需要品牌在社区层面提供价值

　　品牌推广者的工作就是改变用户的思想。改变思想是品牌推广者所做一切事情——广告、营销、公关、包装、定位等——的核心。品牌推广者试图让人们认为该品牌与他们相关，或是让人们认识到该品牌的产品解决了他们遇到的问题，或是认同该品牌的产品比另一品牌的产品更好，又或是该品牌所代表的东西与他们的先入之见存在差异。改变思想是品牌建设的核心。而人们的自我和超我不喜欢改变，所以，通过战略性地参与本我网络，品牌能够将自己的消息传递到上游，用户们的想法正在那里积极地形成。

　　由于本我网络空间的表达自由和更舒适的身份认同感，人们在本我网络中往往会更加坦诚。他们同样也希望品牌能更加真实。幕后的内容会让人们有更高的参与感，并引发真正的讨论，从而将非常有效地推动用户在本我网络空间中有意义的参与。在本我网络中取得成功还需要品牌角色具有灵活性，这对于传统品牌来说通常是不舒服的。优衣库（UNIQLO）作为一个品牌，是一个能够坦率、灵活地参与本我网络空间对话的典型例子。2015年，优衣库在红迪网上的帖子为该品牌的线上商店带来了比任何其他社交媒体渠道更多的流量，单个帖子能带来的销售额占全部线上销售额的20%甚至更多。优衣库不止一次报告称，当它发布优惠或特价信息时，红迪网带来的销售额通常占所有网络销售额的五分之一。

但优衣库不是从这里开始。与许多品牌一样，优衣库在红迪网的时尚社区中发现了一些和自己相关的话题。一些有影响力的帖主会赞扬优衣库的物美价廉，倡导优衣库的时尚审美，并将其纳入穿搭和设计灵感的相簿中。2012 年，在优衣库注意到红迪网带来的一些流量后，该品牌开始与相关的红迪网社区建立关系，例如"男士时尚建议社区"（r/MaleFashionAdvice）——一个致力于分享时尚灵感用以帮助男人们穿搭的社区。实际上，说"品牌"注意到红迪网的流量效果可能有点误导，因为优衣库并没有随之建立一套完善的新广告创意与策略。相反，优衣库专门指定了一位电子商务经理阿里尔·戴达（Arielle Dyda），让她以自己的身份在红迪网上发帖。戴达与红迪网的时尚社区建立的关系非常牢固，以至于对红迪网时尚的讽刺中可能会出现优衣库这个名字，就像它会出现在品牌打折内容中一样。当有红迪网用户开始嘲讽其他红迪网用户有多喜欢你的品牌时，你就会知道你成功了。

戴达的红迪网账号和传统品牌的社交媒体账号截然不同。她的回答不是死板的，而是鲜活的。戴达的内容也不是格式统一和预先经过优衣库批准的，不加修饰和坦率是她与粉丝互动的特点。当有人提出问题，而戴达无法提供理想的答案时，她会解释说："我正在看手机呢，没办法在网站上看到去年的那个款（手机上一直加载不出来）。如果你用谷歌搜一下优衣库亚麻衬衫，你想看的去年那件衬衫应该能搜索出来的。"你能想象一个主流品牌，在人们还没对它感到不满的时候，就承认自己网站上的缺陷吗？我无法想象。除了时尚社区，戴达还在更多的地方参与红迪网。她在问问红迪社区（r/AskReddit）中回答问题，在嗷呜社区中（r/Aww）分享她宠物的可爱照片，她还把她的婚礼视频发布到了一个婚礼节俭策划社区，用以展示为什么她觉得婚礼视频不能削减预算。红迪网的人注意到这点，她因此受到欢迎。她成为社区的一员，优衣库也被接纳。

当优衣库发放他们最新'自发热系列服装'（HEATTECH）的免费代金券，且代金券很快就发完了的时候，红迪网用户对优衣库略有不满。在一个标题为'广而告之'（PSA）：位于第五大道的优衣库声称自发热系列免费代金券将不能再使用"的帖子中，充满了提醒（并可能煽动）其他红迪网用户该品牌的营销具有误导性的意图，而戴达的用户名很快在评论区中被提及。典型的品牌推广者在社会媒体上的回应一般是："我们很遗憾听到这个消息，感谢您告诉我们。请通过我们的邮箱与我们联系，或拨打电话。"与之形成鲜明对比的是戴达立即就对该情况进行了说明。她写道："代金券细则上写着'送完为止'。那些说自己'用假名让我免费得到 5 件 T 恤'的人让你们无法再得到代金券了。"她的评论获得了 170 多次的点赞，超过了原帖本身的点赞数。该帖子的原始发布者回应说："我就买到了一件，另一个用户也买到了。库存明明很充足。"戴达解释说：

> 当然，我们店里有足够的存货可供出售，但我们可以免费赠送的衣服数量是有限的。
>
> 你不会真的以为我们会把仓库中所有自发热 T 恤都送出去吧？
>
> 我知道，如果你到了店里被告知衣服送完了是

非常令人沮丧的，但我们确实已经到了可以捐赠数
量的极限了。

感谢你们的支持，因为这件事，这周末的推特
肯定是场噩梦。

让我看看在这里我还能为你们做些什么。

她的这条回复获得了 196 次点赞，超过了帖子中的其他评论
的点赞数，甚至还超过了原帖得到的点赞数。凭借着坦率、诚实
和一点点的尖酸，戴达的回复将原本可能引起社区骚动的事情，
转变成了优衣库的又一次胜利，但为戴达赢得胜利的，不仅仅是
她的写作风格，她回复的内容也非常中肯。回复的内容并没有像
大多数社交媒体的社区经理被教导的那样："先道歉，然后私下
解决"。因为她在和一个社区打交道，所以直接对整个社区进行
回复。她以一种充满敬意的、感性的方法进行回应，解释了具体
情况并捍卫了品牌的信誉。如果戴达声明将会为每个人都提供免
费自发热衣服，红迪网用户们会满意吗？当然了。但这种过度的
慷慨是公关策略和营销策略的结合，并且会让品牌付出一定的代
价。像戴达这样，单纯地提供合理的品牌视角来消除用户们的愤
怒。这是一种很多品牌都不敢在社交媒体上公开使用的办法，这
个方法改变了用户们对这场品牌灾难的看法，并阻止了社交媒体
潜在的疯狂后果。

这并不是说优衣库从不在红迪网上表现惊喜和愉悦策略。但
该品牌有意将品牌真正的慷慨时刻和危机公关区分开来。在问问
红迪社区（一个旨在让红迪网向更广泛的群体提出开放式问题的
社区）中，一位发帖人问道："想问问红迪网上的老师们，你们发

现的学生中最令人悲伤的事情是什么？"自然，评论区充满了来自老师、家长和同学们的，令人痛心的故事。其中最受欢迎的故事是这个：

> 我其实今天才发现这件事。
>
> 我的解剖学专业中最聪明的学生之一（我们称她为莫莉）正在参加我们学校的法国春假之旅。在和旅伴法国老师聊天时，她提到她给莫莉买了一些衣服，想知道莫莉今天有没有穿。当我们问老师为什么要给莫莉买衣服时，我们听到了这个故事：
>
> 莫莉的妈妈在她上中学时就去世了。莫莉的爸爸可能有毒瘾，也可能是个酒鬼。莫莉和她的两个兄弟姐妹还有爸爸和爷爷住在一起（爷爷一年中有些时间住在印第安纳州，有些时间住在佛罗里达州）。去年莫莉的爷爷和她的爸爸闹翻了，爷爷就把爸爸赶出了家门，还给这些孩子打电话申请了儿童保护服务（CPS）。从那时起，莫莉和她的两个兄弟姐妹就被安置在寄养家庭。
>
> 莫莉能够负担得起这段法国之旅的唯一原因是她的爷爷感到内疚，所以通过资助这次旅行来减轻他自己的内疚感。
>
> 回到衣服这个话题上：莫莉只有大约 3 套衣服，需要轮流穿。而这段为期 10 天的法国旅行所需要的衣服远不止这些。
>
> 除了这些糟糕的家庭生活外，莫莉其实存了一

点钱，准备旅行的时候带着用，大约 300 欧元。结果她的爸爸上周末来找了莫莉，并偷走了这些钱。因此，她现在只能使用本月的社会福利金。

这位老师给她买了衣服还有旅行装的洗漱用品，还替莫莉付了给导游的小费。

而当老师把这些东西都给莫莉的时候，莫莉甚至不知道自己该怎么反应或是怎么接受。她的原话是："为什么？您不必这样做的。"

莫莉是多么聪明的一个学生，有如此大的潜力，她还如此可爱和积极。她真的非常优秀。今天得知她的过去，我真的非常心疼，这件事到现在也一直压在我的心头……

我想看看我的出版商可不可以在防水页上写上这段故事，但他们说"不可以！"我们心爱的戴达，她的名字在男性节俭时尚社区（r/FrugalMaleFashion）的子版块中就像"我们的救世主"。但在这个帖子下面就像红迪网其他普普通通的用户一样，她回复说："我在一家大型服装零售商工作。你能把莫莉的衣服尺码发给我吗？我想寄一些衣服送给她。"过了不久，时尚区的红迪网用户就注意到提出了这个提议的人是谁，并在男性时尚建议社区中发布了一个新帖子，以感谢戴达。"向用户 u/midnight1214（我们友好的优衣库代表）在问问红迪社区上的这种善意举动表示感谢"，并附上了她发表评论提议给莫莉送衣服的链接。关于莫莉的故事的原帖下很快更新了评论：

更新：今晚大家对莫莉的爱和支持让我感动得热泪盈眶！谢谢大家的慷慨和善意！我希望我可以继续回复每条评论，但是老师需要睡觉！我会在明天发布更新并私信每个向我发送请求的人。

谢谢各位红迪网用户们！在经历了如此令人心碎的故事之后，你们让我恢复了对人类的信心！

在这条更新后，戴达也更新了她的回复：

更新：我没想到这个提议会得到这么多人的支持。红迪网的用户真是太好了。你们的话让我泪流满面。我需要去睡觉了。原贴主正计划把详细信息发送给我。我会在哪里发布后续消息还不确定，但因为她的处境如此困难，所以我们更应该尽量尊重莫莉的隐私。这与因果报应无关，只是要确保一位年轻姑娘有一次去法国的美好旅行，在那里她可以专注于学习和体验生活，而不必担心第二天要穿什么。

数百名红迪网用户回复了莫莉的故事以及戴达捐赠衣物的提议。在莫莉故事的原帖主被鼓励在捐赠社区（r/Donate）复述一遍这个故事之后，原帖主在捐赠社区发布了一篇新帖子，文章的标题是"莫莉的法国之旅"。

大家好，捐赠社区的朋友们！

　　我昨天在问问红迪社区上发表了一条消息，收到了非常多想要向这位有需要的学生捐赠金钱、衣服和其他资源的人的回复。这是原消息的链接。

　　对于所有愿意捐款、提供建议以及根据莫莉的故事提供自己故事的人，谢谢你们。言语无法表达我对你们每一个人的感激之情。这笔钱将用于资助莫莉的法国之旅，为她和她的兄弟姐妹提供衣服，让她能够体验到人类的慷慨。再怎么感谢你们也不为过！

　　……

　　你们对这位学生以及许多像她一样的学生的支持，使我们的教学变得更容易一些。大家建立的这个社区在很多层面上都非常重要，我真的对社区的慷慨感到感激。

　　谢谢你们，谢谢你们，谢谢你们！

　　更新：请耐心等待，我将会更新捐款金额……现在，我们的社区主席正在转发她收到的每封电子邮件（每次捐赠都会产生一封邮件），我亲自将它们一个一个加起来。我们可怜的社区主席的收件箱……红迪网的"死亡"拥抱……

　　更新金额 2093.98 美元！！！！

　　由于奖学金是为本次法国之行设立的，我们决定将这笔资金用于以下方式：

　　（1）为所有参加本次法国之旅的学生增加一段早上前往凡尔赛的行程，并支付费用；

（2）支付所有学生给导游的小费；

（3）为所有学生购买午餐；

（4）将为每位参加旅行的学生购买一份精美的纪念品。

由于你们的善意，莫莉将能保管自己的社会福利金，我们建议她今年夏天，一满 16 岁就开设一个银行账户（据我们所知，不再需要监护人签名）。这将有助于她更好地管理她的积蓄，以免再经历她第一笔积蓄的不幸境遇。

收到的捐赠物品即将寄送了，感谢你们的善意！

优衣库捐赠的衣服！

富士（Instax）捐赠的相机和胶卷！

如果这还不是品牌和社区之间最真实、人性化、不做作、随意使用流行语的互动之一，那我不知道什么才是了。同样，用户大量且积极的回复在很大程度上要归功于戴达的表述方法。她没有使用专业公关人士精心编纂的文案进行回应，也没有尝试插入时髦的品牌语言。她作为一个很好的红迪网社区成员，同时又代表着优衣库。戴达简简单单的回复和捐赠衣物的提议在红迪网上获得了 13000 多次支持，吸引了比支持数多好几倍的关注量。

随着时间的推移，戴达使优衣库和红迪网的时尚社区之间建立了真正的联系。就算在戴达离开优衣库多年后，红迪网用户对该品牌的正面评价也在继续，并常常在其他用户创建的时尚指南中被提及。例如《普通混蛋：英国预算版》，这篇文章在男士时尚建议这个拥有220万订阅者的社区中，成为最受欢迎的帖子之一。优衣库会被红迪网的用户们普遍推荐，以至于那些刚接触红迪网时尚社区的人经常会有诸如"优衣库精选"之类话题的想法，男士时尚建议社区的一篇帖子里写道：

> 有没有还没被我发现的优衣库精品？如果有，请告诉我你的最爱！这周我第一次去实体店，我在关注美利奴羊毛毛衣、自发热高领毛衣和紧身裤。还有其他精品需要我尝试吗？

该帖子收到了超过300次支持和超过150条评论。

正如你可能从这些帖子中推测的那样，红迪网用户谈论红迪网的方式与脸书上的人谈论脸书的方式是截然不同的。红迪网的用户感觉像是"红迪网用户"，而脸书的用户永远不会是"脸书用户"。红迪网的社区意识在很大程度上要归功于平台组织人员的方式。由于红迪网是默认匿名的，它围绕兴趣和观念组织人们，而不是围绕一种现实的联系，从而成员之间会有更多的共享体验。同样的原则也适用于其他基于兴趣的论坛、匿名网络（如4chan和汤博乐），在极少数情况下，该原则甚至可以扩展到自我和超我网络中的一些基于兴趣产生的群组。当人们是围绕兴趣和想法进行组织的时候，人们自然而然会形成一种社区意识。他们接触相同的内容，一起参与小组对话，人与人的界限围绕着他们的共同点展开。他们会形成内部习俗和内部笑话——内部共享的模因——将内部人和外部人区分开来。

处于匿名状态的人们更加真实，他们也希望品牌能更坦诚

在本我网络中，人们愿意讨论那些在基于现实身份的网络中无法解决的问题。关系建议社区（r/Relationships_Advice）中充满了诸如"我的朋友要向他的女朋友求婚，而我是唯一一个知道他女朋友对他有多不忠的人。我需要对他说些什么吗？"在问问女性社区（r/AskWomen）中充满了男性向女性提出的坦率的问题，例如"有男性认为女性'对自己感兴趣'的事情，其实是误解？"，以及问问男性社区（r/AskMen）中则有一组类似的反向对话。个人财务社区（r/PersonalFinance）允许人们讨论从贷款到债务，再到弄清楚如何处理彩票奖金等所有事情。这是真的，一个 2015 年的臭名昭著的帖子，标题是"严肃帖——中了彩票，还清了所有债务，有点害怕找财务顾问或是投资。有什么建议吗？"如果你对此感兴趣，你还可以去看看经济独立社区（r/FinancialIndependence），该社区包含了帮助人们计算"安全离职率"的资源，从而帮助人们能够舒适地提前退休。

像经济独立社区这样的社区提供了金融品牌可以拥有的独特的参与方式，因为红迪网用户可以没有顾忌地讨论自己生活财务的私密细节。嘉信理财（Charles Schwab）采取了一种有趣的方式，通过提供关于充满挑战性的问题的对话渠道，为这些对话式的金融社区增添了价值。嘉信理财创意平台的宣传语是"主宰自己的明天"，所以它向红迪网用户们提出了一个开放式问题："你今天做了什么作为明天成功的准备？"

嘉信理财鼓励红迪网用户们从生活的各个方面回答问题，从

而获得了一串有趣的、有建设性的生活选择。红迪网用户们谈到了做瑜伽、将更多的钱存进银行、开始投资、攒未来孩子的大学基金等。但随着这类开放式的主题，热门评论并不是那些对问题的直接回应。红迪网社区最支持的评论是来自用户 u/esotericendeavor 的评论：

> 我只是想借此机会感谢你们这家出色的银行。我经常去旅行，嘉信支票账户每次都给我提供了令人难以置信的帮助。我从来不用担心自动取款机出故障，即使我遇到了问题，虽然这听起来有些陈词滥调，但你们的客户服务总是做得很好。有一次在国外，我的卡在自动取款机中滞留了一分钟，而且我忘了事先给卡添加一个旅行警报。但幸运的是，嘉信理财"实时客服"团队挽救了局面，能够让我在不必拨打国际电话寻求帮助的情况下，使我的卡能够正常工作，所以老实说，"我今天做的，为了让我的明天变得更好的事"，就是坚持使用嘉信理财。你们已经得到我的支持，只要我大学毕业，我就会毫不犹豫地和你们一起进行投资。

如果嘉信理财营销团队在集体白日梦中梦到这种回复，你肯定会深表理解。但这样的评论确实出现了，每个点进该话题的新用户都看得见。嘉信理财还抛出了一系列相似的线索，旨在引发有趣的讨论，从宽泛的、用户参与型的话题到更加具体的、信息型的话题，比如"'富有'对你而言意味着什么？以下是美国一些顶级城市划分的'财务舒适'和'富有'之间的界限"以及"你如何分析过往交易中的损失和收益，并从中吸取教训？"

当然，嘉信理财对其所提出的线索引发的许多问题都有自己的答案，但他们对使用自己的权威非常谨慎，因为该品牌明白红迪网的公共性质。红迪网用户相信其他红迪网用户的意见，当用户的意见和品牌存在相关时，嘉信理财的团队会插入有用的信息，引用品牌网站的内容，或是告诉人们公司的客户服务渠道。嘉信理财将其营销资金用于为用户提供金融讨论平台，从而为用户提供价值，所以也理所当然地在红迪网的金融社区中赢得了一席之地。

红迪网并不是在本我网络中体现社区意识的唯一例子。即使非常前卫且存在争议的 4chan 其成员之间也有一种社区意识。有时，这种意识会以一种奇怪的方式表现出来。例如 4chan 操纵了一场由沃尔玛（Walmart）在脸书举办的投票，把皮普保罗（Pitbull）派往了美国最小的城镇之一。不过，皮普保罗既来之则安之，他精彩的表演让阿拉斯加州科迪亚克岛的 6000 名居民感到非常高兴。然后，激浪（Mountain Dew）又举办了一场征集新的苹果口味饮料名字的比赛，4chan 集体投票选出了诸如"××没有做错什么"和"糖尿病"这样的名字，为"这种类型的公关（征集用户意见命名）都是好公关"的神话画上了句号。还有一次，泰勒·斯威夫特（Taylor Swift）发起了一场脸书投票，她会在票数最高的学校进行表演，而 4chan 又设法将霍瑞斯曼聋哑人学校的票数冲至榜首。不论如何，斯威夫特最终向该学校捐赠了 50000 美元，给这场闹剧一个幸福的结局，但这件事仍然成为一些恶俗搞笑新闻的头条。大多数时候，4chan 的玩笑并不那么富有恶意。在 4chan 术语中，网络钓鱼是"为了放松"——当一支专门的网络大军贯彻一个人尚未成型的"如果……会不会很搞笑"想法时，他们就会开玩笑。

当 4chan 确实找到了一件可以去关心的事时，整个社区就会动员起来。我最喜欢的一个关于"4chan 做好事"的帖子始于2010 年 9 月 1 日，当时一位帖主分享了一张他在马萨诸塞州阿什伯纳姆的一家杂货店发现的传单照片。这是一个名叫威廉·J. 拉舒亚（William J. Lashua）的 90 岁第二次世界大战老兵的生日聚会邀请函。传单的顶部写着"通缉"，中间是一张拉舒亚面无表情地坐在厨房的椅子上的照片。下方写着"参加生日派对的人。日期：2010 年 9 月 4 日。时间：下午 1 点至下午 4 点。阿什伯恩美国军团。"无论是因为一位老人独自度过生日的情形，还是拉舒亚与迪士尼电影《飞屋环游记》（Up）中的老人惊人地相似，4chan 用户们的同情心突然爆发了，这一活动在一夜之间获得大量支持。

"太好了！可以每个人都给他送好看的贺卡，那会很酷，更不用说 4chan 也可以借此作一些正面宣传。"一位评论者指出。顺便说一句，对于匿名用户来说，站在他所处的平台上思考是非常有意思的。在我观察社交媒体活动的整个职业生涯中，我从未见过有人制定策略来为脸书、推特、照片墙、拼趣或是谷歌进行一些正面宣传。这条评论其实暗示了用户与平台之间的关系以及我们传统认知里用户和社交媒体之间的关系截然不同。4chan 用户，尽管他们可能确实有点儿问题，但他们依然把自己看作一个社区。

　　数百条手写笔记和数千条帖子的策划之后，4chan 和他们设法招募的其他社区一起，兑现了他们的承诺。拉舒亚的生日视频产生了数十万的播放量，并且来自世界各地的人们送来有签名的特色贺卡。来自澳大利亚、爱尔兰、美国各地以及世界各地的祝福如潮水般涌来。拉舒亚的暖心生日照片被发在平台上：拉舒亚跪在一大堆贺卡旁，从一脸困惑到满脸喜悦；拉舒亚在美国国旗旁边敬礼；甚至还有一张拉舒亚故意板着脸遮挡摄像机镜头的照片。

　　4chan 不太可能是很多品牌的营销对象，它可能永远不会成为品牌与其受众之间的重要连接点，但 4chan 的社区意识以及 4chan 平台与它的用户之间的关系体现了本我网络和传统社交媒体平台的不同之处。不管我们对 4chan 及其平台上发生的怪事有何想法，社区的观点和文化依然是成员之间共享且认可的。4chan 用户接受了自己被外界抛弃的事实，并感觉他们自己的道德指南针似乎由于"外部"的环境而得到了更好的磨炼。历史上所有被抛弃的群体都有着相同的情绪——互联网只是为这个社区提供了独特的方式来组织和表达这种身份。

　　对于许多品牌来说，融入社区驱动的网络空间在理论上听起来是可行的，但在实践中却很难（或几乎不可能）。当一个社区协同一致要做某事时，没有一个社交媒体营销人员会低估这种力量。大多数品牌面临的问题是需要找到一种方法，将这种力量转化为建设性、有目的、互惠互利的东西。进入匿名互联网空间，试图将用户推向品牌自己预设的目标，其感觉可能就像跳进游泳池里，并试图在口袋里存水以备后用。当品牌进入社区空间时，它需要明白，它无法完全操控围绕品牌本身以及品牌类别进行的对话。当有人在游泳池里用水泼你时，正确的反应是哈哈大笑，然后把水泼回去。品牌越是努力想让社区服从自己的意愿，就越会浪费精力，从而变得越沮丧。这就是为什么品牌需要将思维转入那些可以放大品牌意义的有机行为中，而不是试图自己去定义一些行为。

当我在2016年加入红迪网，去建立品牌战略团队时，我和每个大品牌的对话背后隐藏的问题几乎都是同一个，"为什么要冒这个险？"如果我们没办法控制社区里关于我们品牌的所有说法，那为什么花这么多工夫去做呢？我通常会分两个部分进行回答。第一，无论品牌是否在场，社区都会谈论你们的品牌。第二，这是一个用户更具话语权的地方。对于某些品牌来说，这种效果正合他们意——社区确实喜欢他们的产品。但对于大多数品牌来说，这样的效果是喜忧参半的。有些人有很不错的使用体验，而有些人的体验则较为负面。不幸的是，互联网对后者的兴趣往往比对前者的更大，而且作为消费者，用户往往对后者更有发言权。但至少，品牌应该倾听这些坦诚的评价，也应该找到一种建设性的方式来参与进这个空间。

在本章的前面部分，我们讨论了一些关于用户对一些网站信任程度的统计数据。数据显示亚马逊和谷歌位居榜首，而红迪网以几个百分点落后，其他传统社交媒体平台则集体落后红迪网20~30个百分点。红迪网的这种内部信任源于其社区文化——真相比影响力更重要。在红迪网上，人们对你的评判更多源于你所说的话，而不是在现实生活中你的身份或是你个人资料照片是什么样子。红迪网不仅以民主的方式呈现内容，并且还确保其对话层次也是由平行的民主过程决定的。这意味着用户们可以共同决定看哪些内容，以及对哪些内容发表意见。所有红迪网用户都能意识到这种态度，他们经常高呼自己对社区的信任。从理论上讲，所有观念在红迪网上都是平等的。

当我们展望网络信任之路的未来时，无法不注意到路上充满了深度伪造、虚假新闻、政治丑闻、媒体偏见、不透明算法等。在用户驱动、经营管理、社区导向的网络空间上倾注信任完全是天经地义的。再加上内容从本我网络到自我网络以及超我网络的自然流动，建立品牌与这些社区之间的积极关系必须成为品牌更广泛的数字战略的优先事项。作为品牌，我们需要认识到我们在这些匿名社区中占有一席之地，并且人们相信自己形成的品牌印象。那我们不应该参与其中，积极表达，并在必要时纠正错误吗？这样做，我们能够影响处于本我网络的品牌情绪，而积极的品牌印象可能会自然流动到社交媒体生态系统的其他环节。

和所有以用户参与为导向的营销一样，品牌在本我网络中的主要关注点应该放在提供价值上。能够在匿名的、以社区为中心的网络空间中增加价值的东西通常和在基于真实身份的社交网络中大不相同。优衣库提供价值的方法包括客户服务、惊喜和愉悦策略以及促销折扣等。优衣库选择以一种富有吸引力且自然的表达来向用户提供这种价值，而嘉信理财则通过付费推广一系列内容线索来提供价值。品牌在面对这两种策略时，需要权衡取舍。自然战略意味着随着时间的推移会有更多持久的、持续性的结果。在红迪网这样的社区使用自然战略需要品牌在人力和程序上下功夫，以保持品牌形象的精简和一致。在本我网络中选择付费推广和选择自然战略需要大致相同的品牌思维，但付费推广提供了一条更清晰的扩展路径以及更大的灵活性，非常适用于那些担心品牌安全问题的营销人员。

在匿名空间中提供价值意味着激发用户真正的兴趣，然后输出品牌内容

无论品牌是从付费推广还是从自然表达的角度来管理这些社交媒体渠道，品牌的目的始终是提供价值。达成这一目的方法之一就是娱乐化。我们通常可以通过观察用户的自然做法，来预测什么会给社区带来乐趣，并找到一种方法来改进或完善这种体验。奥迪通过在红迪网上开展"更快地思考"系列（Think Fasterseries）做到了这一点。该品牌注意到一个名为"问我任何事"的高度活跃的网络社区，在这个社区中名人和具有有趣经历的人会进行所谓的"问我任何事"活动。在"问我任何事"活动中，一个人会花几个小时来回答红迪网社区用户提出的所有问题。多年来，奥巴马、比尔·盖茨、斯诺登、简·古道尔和一位吸尘器修理工的问答位列红迪网最著名的"问我任何事"之列。是的，吸尘器修理工的问答非常值得一读，内容很搞笑。只需搜索"问我任何事网络版社区吸尘器维修技术员"（iama vacuum repair technician）即可。

奥迪决定开展一个富有品牌特色的"问我任何事"活动。其结果就是"更快地思考"活动，这是一组邀请名人在实际赛道上使用性能车，并直播进行"问我任何事"的系列活动。品牌的名人合作伙伴被"绑"在奥迪 TT RS 车中，带到赛道上，车由专业赛车手以超过 130 英里 / 小时的速度驾驶，同时名人们需要试

着回答互联网上稀奇古怪的问题。"更快地思考"的前两期邀请了亚当·斯科特（Adam Scott）和伊丽莎白·班克斯（Elizabeth Banks）。这两位名人在红迪网上都拥有很大的粉丝社区。这两段"问我任何事"在 3 个小时的直播中产生了超过 1000 条评论。该活动产生了 7560 万次媒体印象和 1040 万次社交印象。奥迪紧接着又举办了 4 期"更快地思考"，在红迪网社区中持续吸引了大量观众观看和用户参与。

在参与像"问我任何事"这样非常流行且要求严格的活动时，遵循其有机公式至关重要，除非我们有充分的理由去改变它。奥迪通过关注"问我任何事"文化的细节，完美地平衡了这一点。红迪网上每天会发生数十个"问我任何事"，主持人会提供一张"证明照片"来告诉大家回答者是谁。奥迪在宣传自己的"问我任何事"活动中，制作了类似的证明照片，但是会让名人们穿着奥迪品牌的白色赛车服。奥迪了解实时感的重要性，将问题收集阶段与实际直播区分开来。和传统的"问我任何事"活动一样，"更快地思考"活动在直播问答实际开始前几个小时就开始接受用户的提问，从而为这场网络活动注入了现场活动般的兴奋感。保留必要的"问我任何事"活动结构使奥迪能够自然地融入红迪网社区，尽管整个活动有通过广告进行付费推广。

在本我网络中，体现品牌了解该本我网络空间的文化尤为重要。因为这些空间更具有社区感，它们形成了自己的习俗、模因、白话等。在这个空间里的品牌需要保持谦逊，把认真倾听作为第一步。一旦品牌了解了该网络空间的文化以及其中的用户如何有机参与内容，就更容易理解自己可以展示哪些类型的品牌行为，然后以互惠互利的方式为用户的体验提供价值。虽然这听起来可能需要做很多工作，但实际上，品牌的文化相关性——大多数品牌想通过其社交策略获得的东西——就是需要花大功夫。人是复杂的，社区更加复杂。在这个互联网生态系统中取得成功需要品牌深思熟虑并细致观察。如果不认真思考我们的品牌名称、视觉效果、标语以及广告应当如何翻译成当地语言，就无法将品牌很好地推广到一个新的国家。在我们看待网络文化的时候也应该有一样的思考。

品牌真正倾听红迪网文化并做出反应的最好例子可能来自韦柯广告的洛奇团队，该团队代表一家名为 Anki 的机器人公司。小舍组着手向红迪网社区介绍一个名为卡兹莫（Cozmo）的小玩具机器人。卡兹莫可以识别面孔并玩一些小游戏，它的行为就像一只有点小个性的小型数字宠物。卡兹莫并没有太大的功能，但一旦它的个性被展示出来，它就很好玩了。

所以有一天，卡兹莫在红迪网上迷路了。这就是该活动的背景故事——创意团队与专业的布景设计师以及定格动画艺术家合作，构建了一系列精心设计的以红迪网板块为主题的密室。卡兹莫被放置在第一个房间并通过网络直播向红迪网的社区广播，但是过程比较扭曲。直播是交互式的，用户能够选择自己的冒险体验，红迪网用户们必须联合起来解决难题，帮助卡兹莫离开密室，并带它找到进入首页的方式。卡兹莫在一个以赞颂公司社区（r/HailCorporate）为主题的房间开始了它的旅程。赞颂公司社区主题密室用了一个黑暗、肮脏、后世界末日的纽约市中心感觉布景，它代表了一个致力于宣传垃圾广告的红迪网社区。立刻，这种自嘲让红迪网用户感受到了正确的基调。在红迪网上，唯一比取笑广告商更讨人喜欢的，就是广告商取笑广告商。

卡兹莫接下来会进入哪个房间？当它到达那里时，应该做些什么？它怎么才能解开这个谜题？它应该把这个障碍物移到哪里？直播的评论中展开了关于将卡兹莫带到哪里的辩论。在以稀有小狗社区（r/RarePuppers）为主题的房间里，卡兹莫在真的小狗旁边自由移动，为狗狗们解锁零食。在评论中，一位持怀疑态度的红迪网用户提到，"除非有只狗拉屎，我才能相信这是真狗。"如他所愿，另一位用户迅速回应，"那里有一坨！"在"哪里可能有问题社区"（r/WhatCouldGoWrong）的主题房间里，红迪网用户们不得不调整投石机，将卡兹莫扔过场景并（希望）使它进入安全的吊床。免责声明：在拍摄过程中，多名卡兹莫因此受伤。哪里可能有问题社区中是一堆视频，观看者观看这些视频时会不断反问自己，"可能出了什么问题……？"该密室的设计就是以此社区精神为基础的。而投石机本身其实是对红迪网用户中另一个内部笑话的认可。投石机模因社区（r/TrebuchetMemes）是模因文化中一个奇怪的部分。在这个社区中，支持投石机是比弹射器更有效的攻城武器的订阅者们聚集在一起。一句忠告，不要在红迪网上提起弹射器。不要问为什么（因为我真的不知道）。

卡兹莫本身就是一个高品质的机器人，它在劣等机器人社区（r/ShittyRobots）主题密室里转悠，和一些能力较弱的机器人兄弟打交道。卡兹莫激活并停用了一个喜怒无常的鲨鱼手机器人的部分功能，用以避免在破坏房间的前提下，解锁下一个房间。在长达6个小时，解决了8个逃生密室之后，红迪网用户终于解决了每个谜题。这是第一次有人——更不用说广告商——用如此高的生产价值和文化意识向红迪网用户反映在他们所建立的社区中的体验。在当时，这是有史以来最为引人入胜的红迪网活动，红迪网用户直言不讳地表达了他们对此活动的喜欢。

"这是对互联网广告的最佳利用！在此之前，我没有用过这样的小机器人，但现在我非常想要一个这样的机器人！"一位用户写道。不可避免地，有一些评论表达了对这个广告的恶意，但大多数红迪网用户想要告诉卡兹莫的广告团队他们做得很好："你们做得很棒，总而言之，这是为了让产品拥有热度所做出的令人印象深刻的努力。我知道这是一种营销，但这样的成果确实表明你们为此付出了很多思考和努力，不要让那些令人讨厌的评论破坏它。我迫不及待地想看到一些集锦剪辑了。"卡兹莫通过沉浸体验红迪网文化，并通过一些惊喜有趣的活动来反映这种文化，成功地赢得了红迪网用户们的心。这场直播是如此引人注目，以至于一些无法观看到直播的红迪网用户开始分享有关如何禁用广告拦截器的说明，以便他们可以查看这个活动并参与其中。

参与本我网络社区的途径确实是多种多样的，其中，绝佳的例子就包括"卡兹莫迷失于红迪网"、奥迪的"更快地思考"系列，以及像嘉信理财那样简简单单地提出一些有趣的问题。对于一些品牌来说，在没有庞大品牌资产的情况下，能够与这些用户深度参与并且有影响力的社区互动是一个重大机遇。当我们观察红迪网、Twitch、4chan、9gag、汤博乐以及其他匿名网络空间时，这些匿名网络里的社区往往会自然地出现并传播一些低调、简洁的内容。作为广告商，我们应该有这份效仿的信心。相比之下，对于那些以润色和闪光为荣的品牌来说，这种业余创作内容的规范可以完美地衬托出以与文化相关的方式创造出让我们的观众惊喜和印象深刻的高制作体验。参与匿名网络社区最重要的规则就是从观察、了解文化开始。网络社区是一把双刃剑。如果品牌做得好，那么与网络社区建立关系意味着建立了一个持续工作的代言引擎，拥有了一个充满激情且直言不讳的粉丝群体，以及一个固有的焦点小组。如果品牌处理不当，社区可以团结起来引发一些其他社交媒体平台中通常不会出现的问题。

当人们进入匿名网络空间时，他们会变得更加开放、诚实、坦率、真实、富有创造力和表达力。作为品牌，用户的真实有时会伤害我们的感情。然而，这种将真实置于影响之上的做法，会继续培养这种在匿名网络中建立起来的难以捉摸的社区意识。伴随社区意识而来的，就是信任。如果品牌真正愿意投资，使其与数字文化相关，并虚心接受从人们那里获得的可操作的建议，从而变得更加值得用户信赖，那么本我网络空间正是它需要关注的地方。匿名社区中有着人们最具创意、最无私、最稀奇和最古怪的部分。但它们并不像大众媒体所描述的那样，是如同地狱般的深渊。它们确实并不完美，但它们是我们人类可以使用的最坦诚、最真实的表达方式之一。不论我们是否选择直接参与这些空间，保持品牌和网络文化的相关性，是建立在对这些社区的了解的基础上的。

✐ 要点总结

- 本我网络是人们与现实身份脱节，并围绕共同兴趣和观念组织起来的网络。本我网络中，人们更有表现力，也更愿意探索新的想法。

- 因为本我网络中的人是围绕共同兴趣组织起来的，并且能够接触到更多共享体验，所以本我网络培养了一种和基于身份的社交网络平台截然不同的社区意识。

- 为了推动本我网络中有意义的用户参与，品牌必须吸引社区而非个人，这意味着品牌要想办法促进群体对话，并创建有深度的内容。

- 本我网络社区的成员信任所属团体提供的信息和提出的意见。为了改变用户对品牌的认知，品牌应当针对社区，而不仅仅是个人成员。

- 当用户处于本我网络中时，他们是最透明、最坦诚的自己。品牌也应该立志成为最透明、最坦诚的品牌。使用公关和市场营销策略在本我网络社区关系中几乎总是适得其反。

第三部分

—— PART 3 ——

社交媒体中的左右脑

第八章

左脑与右脑网络

已知与未知

这是假期的第一天。你在一个之前从未来过的地方度假。并不只是"哦，这里的车牌有点不同。"你甚至连路牌都看不懂，更不用说这里使用的文字了。你坐在一家餐厅里，餐厅供应的美食你之前也从未尝过。菜单对你而言帮助不大，但至少还有几张图片你能看懂。服务员走过来问你是否准备好点菜了，你思考了下要点哪些菜以及要点多少菜，然后就下单了。餐厅的味道闻起来也是新奇且陌生的，即使他们放在你餐桌上的面包尝起来和以前吃过的也没什么不同。你很乐意尝试新的东西，即使你的脑海中有一部分声音在打赌你不会喜欢刚才点的食物，还有一部分声音在思考你住的酒店旁边的快餐店营业到多晚……你懂的，以防这里的食物真的难以入口。但把你带到这家餐厅的不是这部分声音。

你的食物来了，你发现你点的食物是你平时食量的两倍。但这些都是你计划好的，真的。每道菜都像是一道等你跳下的悬崖，而你心甘情愿地跳进未知的水域。这道菜是用什么做的？如果你知道了用了哪些食材，你还会吃吗？你的大脑很快适应了你现在正在经历的新奇食物。还好，大多数菜你都觉得还行。你非常喜欢其中一道菜，同时，有几道菜你尝过后就再没怎么碰过。就在你下定决心放下餐具时，服务员端着一小碗香草冰激凌来到你的餐桌旁。

这时你会有什么样的情绪？惊喜、感激、幸福？还是感到乡愁和怀旧？假设香草冰激凌是一种你已经很熟悉的食物，那么在陌生的地方能接触到一点熟悉的味道，对你来说，会是一个令人愉快的体验。这一小碗香草冰激凌附着着一些强烈的积极情绪。如果你现在回到家乡，去过你最喜欢的冰激凌店，那你可能并不会对店里的"原味香草"有什么不同的感觉。但在这里，在异国他乡，被新奇的食物口味包围的时候，这一小碗香草冰激凌给你感觉，绝不会是平淡无奇的，而是会有一种在混乱中终于找到秩序的感觉。

现在想象一下，在出国旅行并经历了数不清的新事物之后，你终于回到了家。你去你最喜欢的餐厅，点了一道你以前吃过几十次的菜。如果你现在是一部 20 世纪 90 年代的电视情景喜剧里的角色，刚刚向服务员喊了"老样子！"，那么服务员端上来的估计就是这道菜。这道菜，你都不用再品尝，就可以通过大脑几乎完全清晰地复原出它的味道。你吃了一口，发现一些和以往不一样的东西。也许它用了不同的调料，或是用了一个不熟悉的配菜。你问了服务员，他告诉你，他们确实刚刚对菜单做了一些调整。

这次你又会有什么样的情绪？还是惊喜吗？或是感到有些失望、沮丧？或是感到背叛？你这个人挺戏剧化的，不是吗？你甚至还没好好品味自己是否喜欢这道菜的新版本，但有一点是肯定的——你没有得到你所期望的东西。这其实挺矛盾的，即使在发生的变化被证明是好的情况下。

在这两种情况下，我们都没有对新奇体验做出明确的价值判断。在第一个例子中，我们沉浸在未知之中。我们在一个陌生的地方吃着不熟悉的食物，我们的大脑适应了这些新的体验，即使它依然保留着对周围所有不熟悉事物的担心。我们也没有一些可以用来比较的先验知识，所以我们别无选择，只能直面这些新事物，并"处理"它们。当我们处于这种探索模式时，寻常的东西也变得充满异国情调了，即使是像一碗香草冰激凌这样简单的东西，也可以成为充满熟悉感、令人喜悦的避难所。

当我们被熟知的世界包围时，我们的世界观就会发生变化。当我们对一个地方、一种情况或是一个人感到熟悉时，我们的大脑会根据过去的经历来创建一系列内部表征。我们通过类别和框架整合自己熟悉的事物，从而理解周围的世界。否则，每一次体验对我们来说都将是崭新又独特的，意味着我们永远无法真正了解世界上任何有用的东西。当我们内部的模型和现实内容无法相匹配时，我们就不得不重新整合一下我们的模型。当我们沉浸在自己熟知的事物中时，即使是一点点意料之外的声音也会让我们感到刺耳。一段新的心理过程将开始运作。

我们的大脑处理熟悉事物和新鲜事物的方式，和我们体验这些事物的环境有很大关联。从根本上讲，我们和熟悉事物的互动方式与我们和新事物的互动方式是不一致的。事实上，一些心理学家推测，我们的大脑就是围绕这一鸿沟构建的。例如，研究者发现，患者在切除了胼胝体（连接左右半球的神经带）之后，大脑两个半球几乎开始相互独立地运作。研究者还发现，胼胝体在大脑半球之间传递信息的同时，它似乎还抑制了同样多的信息传递。因为大脑的两侧似乎都可以执行重叠的任务。所以，每个人都有两个功能齐全的头脑（思维、思考能力），而它们的世界观却是截然不同的。

我们的右脑应对混沌的未知，而我们的左脑则从中创造一种已知秩序感

在人类漫长的进化斗争中，我们的祖先对世界保持着两种不同的思维角度，这是至关重要的。并且不仅仅是我们的祖先，大脑的半球结构存在于大多数脊椎动物中。在精神病学家伊恩·麦吉尔克里斯特博士（Dr. Iain McGilchrist）的《大师和他的使者》（*The Master and His Emissary*）一书中，他解释了这两种意识是如何进化的。即使在像鸟类这种更简单的生物中，生存也需要这两种独立的意识。首先，鸟类需要对其周围环境有一个广泛的、宏观的认识以避免危险因素。危险可以在任何时候，从任何地方，以任何形式出现。其次，一只鸟需要集中注意力来寻找食物、落在树枝上以及精准啄食。前者就是右脑负责的，而后者是左脑负责的。麦吉尔克里斯特认为，人类更复杂的左右半球也是从这种原始条件中发展出来的。

我们的右脑充满了对世界的原始体验，而我们的左脑则根据右脑的经验创造出关于世界的可塑性表征。我们的右脑逐渐进化，以处理抽象的、无所不在的危险。右脑通过感官的输入，直接体验世界，每一次体验对它而言都是新颖且独特的。右半球还被发现有更多的白质，这与大脑区域之间的协调交流有关。由于危险总是以多种形式出现，我们的右脑认识世界的方式会更广泛

但分辨率较低。它能看到全局，并且能将看似不同的想法连接成概念，例如隐喻。

右脑倾向于将世界视为一种复杂的、流动的生活体验。也正是通过右脑，人类能够认识到其他生物的存在而不仅仅将其视为环境的一部分。研究表明，70%到80%的母亲倾向于将孩子抱在自己的左侧，用由右脑控制的左眼和孩子进行眼神交流。不仅是人类，海象、虎鲸、袋鼠以及很多其他的动物也表现出同样的偏好。右脑的情绪加工和我们的移情能力有关——理解我们认为是同类生物的经历。

和右脑相比，左半球看待世界的方法更加机械化。它倾向于认为世界是一个小而可分解的成分的集合，并专注于细节。左脑依靠右脑的经验输入来发展其世界观。左脑是分类、分析与操作的领域。左半球将物体识别为工具，使我们能够操纵世界以获得利益。右脑体验的世界是由一组组独特实例组成的，而左脑就负责对每个实例进行分类，将其纳入有关世界的工作模型中。工作模型是一个我们可以不断检查调整，并从中抽象出更广泛的真理的东西。通过创建有关世界的表征模型，左半球创造了一个熟悉的领域。毕竟，如果每一次体验都是全新的和独特的，我们永远无法预测接下来会发生什么。左脑对右脑的经验进行分类，以便将这些知识用于未来。

我们对左右半球功能的认识，大部分都来源于对任意一侧损伤带来的影响的研究。例如，右脑受损的患者有时会出现所谓的卡普格拉错觉（Capgras delusion），认为与他们亲近的人——通常是配偶或其他家庭成员——已经被长得一模一样的冒名顶替者取代。患者无法将他们以前认识的人（一种内部表征）和实际站在他们面前的人联系起来。某些右脑损伤甚至会导致患者无法识别面部，因为我们面部的各个部分在我们交流时会不断变形。我们眯起眼睛、扬起眉毛、鼻孔打开、嘴形改变以表达特定的情绪。当左脑的注意力集中在每个部分时，右脑将这些部分都认知为单独的，活跃的整体。

右脑具有表达力，而左脑具有表征力

与流行漫画里画的一样，右脑确实比左脑更多地处理情感内容，而左脑的分类和分析能力使其通常等同于脑的逻辑中心，尽管这种关系并不这么简单。因为左半球负责表征，所以它能够更好地对世界进行分类和分析。左脑进行高级逻辑加工的能力令早期的神经解剖学家定义其为优势半球。然而，麦吉尔克里斯特对"优势半球"名称持谨慎态度。实际上，即使是看似冰冷的逻辑加工，也需要先经过右脑的情绪中枢，并在逻辑加工发生后返回到右脑。一切都是由右半球进行加工的，而左半球则仅在特定功能下发挥作用。鉴于左右半球的用途，这种结构是具有直观意义的。不管怎样，这个世界对我们来说是未知的。关于人类，未知的东西比已知的要多得多。

理解左脑与右脑之间区别的一种方法是，将右脑视为具有表达力的半球，而将左脑视为具有表征力的半球。虽然长期以来，人们一直认为语言功能只是左半球的功能，但现在研究发现，不论是什么种类的语言，都同时存储在两个半球中。左脑负责理解语法，存储更广泛的词汇，并维护所学的高阶规则的表征，而右脑则包含与人的情感处理和体验世界直接相关的基本表达和隐喻语言。

虽然两个半球代表着截然不同，甚至是互不相容的世界观，但它们之间的关系却是非常微妙的。我们很少（如果真的有的话）单独使用一侧或另一侧。我们不断地在左右半球之间来回传递信息，并抑制某些信息的传递。我在这里强调左右半球关系的微妙性，是因为当我们讨论左右半球的特征时，很容易会把它们概念化并分为两个独立的封闭系统。但实际上，大脑的两个半球一直处于交流状态中。它们也总是会互相影响。

右脑往往也与无意识的思维过程有关，而左脑则控制着我们通常认为更高层次的有意识的表达，比如说话和写作。当回顾左右脑的这些特征时，我们会意识到这些特征与本我、自我和超我的特征，以及它们所对应的社交网络结构，是有所重叠的。本我，包含我们未经过滤的、无意识的自己，它的特征和右脑的特征似乎有诸多一致——表达性、体验性和探索性。而自我是外部世界背景下一个人自身的代表，超我则是习得的社会规则的代表，则和左脑——对所表征世界进行分类和分析的领域——有诸多相似。

在自我和超我网络中，我们在模拟的社交网络世界里，创建了关于自己的文本表征。我们在自己精心设计的环境——一个熟悉的世界——中与他人联系在一起。当我们浏览满是我们认识的人发布的动态推送时，我们就处于已知的空间，即左脑的领地。当我们在本我网络中搜索新信息或探索新主题时，我们就是在涉足未知的空间，即右脑的领地。在本我网络中，我们并不关心创建有关现实自我的表征，因为我们倾向于处于匿名状态，并在遇到信息时直接参与其中。

直觉上，自我和超我网络似乎更有可能成为真实人际关系维护的候选人，因为在这些空间中，我们和现实中认识的人相互联系。但同样，和我们打交道最多的，也是我们的朋友在公共空间的表达，而不是朋友本人。当悲剧发生在我们身上时，我们的朋友可能会在自我网络空间中发布表示哀悼的帖子。但我们的密友可能会（或希望）通过更直接的媒介联系我们，例如打电话、发短信或发送电子邮件。公开的帖子的确表达了他们的支持和友谊，但直接的交流才是生物之间最原始的情感表达。共情是右脑情绪加工的一种功能，而本我网络和右脑更适配，所以社区在本我网络中能够更自然地形成。

我们甚至可以将自我网络和超我网络视作一种工具。人们使用它们来创建和维护关于自己社会身份的表征。不论是有意识还是无意识的，作为社交动物，人们不断地建立自己的"个人品牌"。当我们用基于身份的左脑网络和朋友联系时，我们通常知道该期待些什么，或者至少我们认为自己知道。

本我网络是表达性的，自我和超我网络是表征性的

当我们参与社交媒体时，我们会创建自己的表征形式，这些表征形式既受到个人内在的影响，也受到复杂社会生态系统的影响。我们为代表自己建立的这些个人品牌，并不是虚荣或自恋的体现，它们在复杂的社会环境中有着真正的效用。如果你期望我的行为方式与我之前向你表达自我的方式保持一致，而我对你也有同样的期望，那么，我们就拥有一个共同的互动基础。虽然负责识别人格的一致性是右脑的功能——就算你剪了新发型，打了

新鼻环，但你还是昨天的那个人（是布偶大电影里的冈佐吗？），但这也可能是左脑确定自我表征的功能。通过这么做，我们为他人创造了一个关于我们自己的"已知"领域。在自我和超我左脑网络中，这种社交关系期待我们的自我表征能够保持一致（图 8.1）。

左脑：
表征
在左脑网络（自我和超我网络）中，我们创造了关于自我的表征，以向世界定义我们的身份。

右脑：
经验
在右脑网络（本我网络）中，我们处于一种探索模式中，我们直接参与自己面对的世界。

在左脑网络中，我们被定义为自己的现实身份，并且和认识的人互相联系。我们创建了关于自己的表征，以向社会定义自己。

在右脑网络中，我们并非围绕身份，而是围绕观念组织起来。这使我们能够自由表达，且不必担心自己的表达会影响别人对我们的印象。

如果我们使用推特这种左脑网络时保持的是匿名状态，那么对于我们个人来说，该网络其实是一种右脑网络。同样，当我们以现实身份公开参与例如红迪网之类右脑网络时，该网络就变成了左脑网络。

图 8.1　左脑 vs. 右脑

虽然我们可以将自我和超我网络概念化为已知空间，但这些网络想让我们感到混乱其实轻而易举。当你在卧室里发现一只蜘蛛时，你绝对会感受到突然有什么东西在你的背上爬了，你懂那种感觉。当我们在脸书上看到意想不到的政治咆哮，或者看到有人在照片墙上暴露他们前任的家丑时，同样的感觉也会出现。未知事物抬起了它丑陋的脑袋。当我们处于左脑领域中时，来自未知和意外的威胁会破坏我们表征的结构，因此，只要情况允许，我们会尝试忽略这些未知和意外。我们不想左脑空间中的想法发生改变，因为这意味着要抛弃我们正在使用着的，用于认识世界的一系列假设。

只有当未知事物以可控且积极的方式呈现在我们眼前时，我们才能将其视为一种无害的新事物——就像一个朋友完成冰桶挑战的视频突然出现在我们的动态推送中，或是一个三流明星回复了我们的一条推文［因为，说实话，你要是发了一条要把自己的扫地机命名为杰夫·高布伦（Jeff Goldblum）的推文，他本人是肯定不会回复的］。左脑加工的世界，是一个以表征和类别为特征的世界，所以那些不符合脑内表征框架的东西会自动被识别为威胁。我们期望和自己有关系的人的行为方式，和我们大脑中存储的关于他们的模型保持一致。此外，我们还会抵制和脑内表征不符的新信息。

当我们不再代表自己并和朋友们脱离开来，我们就会处于一种探索模式，沉浸在未知的本我、右脑网络中。即使我们对特定的本我网络非常熟悉，例如那些我们经常访问的社区，那我们也依然永远无法确定是谁在发帖，其他社区成员会如何反应，接下来会出现一些什么。右脑一直处于对异常现象的搜索中。虽然序列推理通常是左脑的一种功能，但当我们并没有有意地专注于某个问题时，右脑的洞察力就开始运作。熟悉的、愉快的顿悟时刻和右脑杏仁核的活动存在着一些联系，右脑杏仁核是帮助加工情绪的脑部组织。即使是在逻辑处理中，情绪也似乎是一个重要的因素，就如左脑的思维植根于右脑一样。人们对本我网络的参与，与其说是向世界展示自己的形象，不如说是人们本质的自己和未知世界之间的相互作用。

到这里，本书已经介绍了单段内容如何成为模因以及在互联网上成功传播的模因的特征。本书还探索了社交网络的不同结构如何影响人们的自我表现以及它对人们最有可能参与的模因类型的影响。在最后一部分（第三部分）中，我将把这些内容放在一个更全面的背景下阐述，从而帮助你们了解这些心理网络空间，人们会表达自己的哪些方面，以及人们通过哪些核心部分进行自我表达之间的关系。

一个品牌，会花费大量精力来表达自己，不仅面向品牌外部，甚至还会面向品牌内部。品牌会通过创建"品牌战略"和"风格指南"来表明自己的品牌是谁，它会有怎样的行为，最重要的特征等。换句话说，就是告诉人们对该品牌应该有什么样的期望。品牌创建"已知"的领域，使观众能够更好地预期并把握品牌。当意外发生时，品牌就会产生未知。如果该未知是负面的，这可能意味着很多事，例如用户糟糕的体验、与品牌定位不一致的品牌行为、冷漠的广告或是召回产品等。当品牌利用惊喜和愉悦的策略，提供超出预期的客户服务，无私地支持有意义的事业，或是表现出对特定文化或流行趋势的得心应手时，未知也可以以一种积极的方式从品牌中体现出来。

为了有效地在不同的社交网络中接触到大众，品牌需要了解人们互动的方式：他们会在哪些网络空间互动？已知空间还是未知空间？通过了解这些心理背景会如何影响到受众，品牌可以更有策略地将不同信息引导到不同渠道，并选择信息不同的呈现方式。当品牌想要传播一种新想法或是改变人们对其的原有看法时，它就需要去接触那些愿意接受新信息的人。同样，当品牌想巩固自己的身份，或是建立品牌一致性时，它就需要去接触表征空间中的人们，因为他们正在形成并巩固可以将该品牌划分进去的类别。在右脑本我网络中，品牌希望创建一些能够激发人们与生俱来的好奇心、探索欲望与真实的自我表达的内容；而在左脑自我与超我网络中，品牌希望提供有助于人们展示自我并表达身份的内容。

在左脑空间中，适量的新奇事物可以帮助品牌脱颖而出并吸引人们的注意力，这恰好也是观众想得到的东西。为了创造正确的新颖内容，品牌不仅需要让人们参与已知空间，品牌本身也需要成为一种已知空间。如果品牌是一个比较不为人知的小品牌，那么它就需要增加和已知的人或事的关联。这就是为什么商标墙、电视广告和名人代言对新品牌特别有帮助的原因——它们为未知的品牌提供了已知的可信度。对于知名品牌来说，其"已知领域"即它在这个世界上所做和所说的积累，而包装、商标、网站文案以及其他传统营销所关注的东西通常都不足以吸引人们的注意。这些品牌本身，作为一个知名实体，是用户参与的重要背景。

将新颖事物引入已知的左脑网络空间有助于吸引注意力

当品牌已经处于已知领域中时，它就可以开始以有趣、新颖的方式引入未知内容，从而让自己充满活力。品牌塔吉特百货（Target）是传统大品牌建设的一个典型例子，该品牌通过引入适量的新颖元素，成功地将自己与沃尔玛（Walmart）、凯马特（Kmart）、劳氏及其他家居用品零售商区分开来。塔吉特百货的广告，即使是全新的广告活动，观众也一眼就能看出它是塔吉特百货的广告。所有塔吉特百货的广告都会使用其标志性的红白商标、干净的画面和欢快的音乐，塔吉特百货的广告是品牌保持一致性的教科书。从它的营销材料到商店的实际外观以及购物感觉，塔吉特百货成为一个美国人家喻户晓的品牌。这是大多品牌都努力争取想要进入的已知空间。

塔吉特百货还战略性地为其购物体验增添了新颖元素，尤其是在服装零售方面。跟随 H&M[①] 以及优衣库等服装零售商的脚步，塔吉特百货从 1999 年开始和高端设计师合作。多亏了和米索尼（Missoni）、吴季刚（Jason Wu）、亚历山大·麦昆（Alexander McQueen）、迈克尔·格雷夫斯（Michael Graves）、雅克·麦卡利斯特（Jacques McAllister）等众多知名设计师的合作，塔吉特百货使自己可以参与高端时尚中。这在以前，对于普通家居用品零售商来说，是根本不可能实现的事（哦，顺便说一句，雅克·麦卡利斯特这个名字是我编的，看看你有没有发现，他是不存在的。嗯，我的意思是他可能不过是一个高端设计师罢了。看看，有意想不到的事情引起了你的注意吧？）

塔吉特百货首席营销官里克·戈麦斯（Rick Gomez）表示："设计一直是塔吉特百货品牌基因中的一部分。从我们的商店和

---

① 　H&M，瑞典连锁服饰品牌。——译者注

我们的产品，到我们培养的合作伙伴关系，我们对可及性设计的关注使塔吉特百货变得与众不同，这也是客人喜欢来我们这购物的原因之一。"对于这个以较低价格著称的零售商来说，和高端设计师的合作是一个完美的补充——尤其是当设计是品牌差异化策略的一部分时。顿时，设计博客、时尚社区以及这些高端设计师的粉丝们，有了谈论塔吉特百货的理由。通过与高端设计师建立联系并接触家居装饰和时尚领域中上游的、有影响力的潮流引领者——塔吉特百货以一种保持品牌一致性和熟悉性的方式提升了自己。

我们将以批量生产或价格实惠闻名的品牌与以工艺、质量和行业声望而闻名的更为手工性的品牌合作称为高低合作（high-low collaboration）。高低合作的策略非常适合推动左脑领域中的用户参与。它本质上就是对可信度的借用，就像和影响者的合作，但会更加深入。塔吉特百货的高低合作策略挑战了人们对该品牌原有的分类，让人们能够提升对它的认知，同时也不会迫使人们完全重建已有的认知。

高低合作策略还有一个额外的好处，那就是促进人们在右脑网络中的讨论。在右脑网络中，人们聚集在他们的兴趣爱好和最喜欢的设计师周围。如果雅克·麦卡利斯特这个人真的存在，并且拥有一批积极的粉丝，那么这些粉丝们将会不可避免地讨论他与塔吉特百货的合作。促进热衷于薅羊毛的人关于塔吉特百货的有机对话，对提升品牌自身其实没有太大帮助；但促进时尚潮流先锋们之间关于塔吉特百货的对话，可以让塔吉特百货整个零售服装部门都有所收益，其产生的影响是非常深远的。拥有高端设计师的作品（或者甚至只是谈论想和高端设计师合作），本身就是标志性内容的一种形式。这样做能够在右脑对话和标志性的左脑表征之间建立一座无缝的桥梁。当我们说自己"等不及看到麦卡利斯特的秋冬系列"时，我们首先是在交流：我们知道雅克·麦卡利斯特是谁（不，你不知道）；其次我们在表达：他的风格代表了我们的风格。

耐克通过其在美国推出的 SNKRS 应用程序及其在英国推出的 SNEAKRS 应用程序利用了类似的策略。多年来，世界各地的运动鞋爱好者对限量版运动鞋的热衷已经到了荒谬的地步。狂热的运动鞋爱好者一大早就去城市街区排队，甚至是直接在商店门口露营以便抢购某些爆款而备受诟病。一些限量的耐克运动鞋以高达数万美元的价格被转卖。尽管鞋迷社区对球鞋的热爱根深蒂固，其实鞋迷对耐克总收入的贡献其实只占了其收入的很小一部分。耐克并没有尝试利用兴旺发展的运动鞋专卖市场。相反，在其 SNRKS 应用程序中，耐克通过为运动鞋爱好者们提供量身定制的体验，以使鞋迷文化更具包容性。

许多零售品牌都有自己的应用程序。实话说，这其中的大多数根本就不应该制作推出这些应用程序。很少有人对某个特定的服饰品牌能有那么高的忠诚度，也很少会主动下载它的应用程序，更不必说时不时打开这个程序了。此外，大多数零售品牌的应用程序上通常只提供自己的服装系列，这和品牌网站上提供的产品是完全一致的。而耐克采取了完全不同的方法：通过耐克官网，人们每天随时随地可以买到数十种甚至数百种鞋子、服装以及其他种类的运动装备。而 SNKRS 则是围绕"限量掉落"展开的——该程序仅会在特定时间发布一些爆款限量鞋，以供购买。这些限量掉落的通常是一些耐克和设计师、运动员、艺术家或是其他品牌的合作款，以提高耐克的影响力和潜在口碑。

为了抓住这些限量掉落，SNKRS 用户必须在一个确定的时间登录程序，以获得购买鞋子的机会。这个机制为耐克带来了一些战略性的结果。第一，它创造了围绕特定时间展开的用户需求，推动了鞋迷之间大量的有机对话。在红迪网这样的平台上，一些广受欢迎的合作款式会让用户们自然而然地把话题扩展到街头服饰、时尚、体育以及其他相关的社区中。

第二，该应用程序创造了稀有性。备受期待的合作款鞋子的生产数量在 50000 至 100000 双。有运动鞋爱好者在餐巾纸背面进行了严密的数学计算，预测一个人能在竞争压力巨大的 SNKRS 中，抽中购买机会的概率不到 1%。为了让自己被抽中，人们使用机器人和虚假账户来增加机会，与耐克的账户验证系统进行了一场"军备竞赛"。不知道我有没有提到，就算你被抽中了，你还是需要付钱才能获得这双鞋。

第三，SNKRS 可以使那些处于鞋迷文化边缘的人们不再被边缘化。早上 6 点就起床排队等候商店开门购买鞋子，这个成为鞋迷的门槛还挺高的。但登录一个应用程序试试运气的门槛，相比之下就低得多。这是一种有效手段，能够让品牌已有的超级粉丝影响同龄人并将他们带进品牌标志性社区，从而提升耐克整条产线。

与塔吉特百货一样，耐克展开了一些有助于将品牌推向新类别的合作。耐克与 Off-White 等高端街头服饰品牌的合作以及和特拉维斯·斯科特（Travis Scott）等嘻哈艺术家的合作，使自己始终处于流行文化的前沿。对于一个拥有 50 多年历史的品牌来说，一代一代地保持冷静真的非常不简单（没有双关语的意思）。

新的合作使年轻一代不会将耐克归类为他们父母穿的鞋类品牌，尽管耐克就是这一类。我的意思是，除了2018年的"老爹鞋"潮流，那个时候耐克确实希望自己的鞋子看起来像这些年轻人父母那一代的鞋。但讽刺的是，我认为耐克本质上其实就是一个父母年代的鞋牌。

为观众创造新奇的体验可能很简单。品牌并不只能通过和世界顶级设计师或是影响者合作才能做到这一点。有时候，冒一些创造性的风险来提高观众原本拥有的关于品牌的正常体验，也会带来回报。作者丹·希思（Dan Heath）和奇普·希思（Chip Heath）在他们的著作《行为设计学：打造峰值体验》(*The Power of Moments: Why Certain Experiences Have Extraordinary Impact*)中很好地说明了这一点。他们在书中强调了从客户的角度出发，考虑客户体验的重要性。这样做能够使品牌可以确定在哪些地方给予小的变化，就可能会产生大的影响。

他们以洛杉矶的魔术城堡酒店为例，魔术城堡酒店是2017年洛杉矶最受好评的酒店。尽管它看起来像价格实惠的汽车旅馆，但它在猫途鹰网站上拥有3000多条评论，且好评率高达94%。魔术城堡酒店通过新奇的体验取悦顾客。比如，酒店游泳池旁有一部鲜红色电话，名为冰棒热线。当客人拿起电话时，就会听到酒店员工询问他想要樱桃、橙子还是葡萄口味的冰棒，当客人选择后，戴着白手套的服务员会立刻用银色托盘送来冰棒——是免费的。

酒店当然可以每根冰棒收费2美元，然后仍将其吹捧为酒店有趣的服务；也当然可以在泳池旁直接放置一个冰柜，让客人们自己拿，还不用耗费酒店员工的人力。酒店也可以完全跳过这些服务，丝毫不会影响它的正常运作。但是，当服务员端着银托盘出现时，这个荒谬又绝妙的新奇体验会带来什么？客户体验又会发生什么变化？顾客的积极体验会直接溢出这个没什么实际作用的银托盘。

通过为客人创造这些令人愉快的新奇体验，魔术城堡酒店获得的评级甚至超过了比弗利山庄的豪华四季酒店以及著名的贝莱尔酒店。消费者实际获得的，小而周到的新奇体验，要胜过他们期望获得的体验，无论他们原先的期望已经有多好。当观众们坚信他们内心对于品牌的预设——当他们内心的声音"又来了"响起的时候——创造有趣的、小小的意外体验会破坏他们左脑已有的框架，从而给他们带来难忘的印象。

当品牌没能维护其已知领域时，混乱就会发生

为了使这种新颖性策略有效，品牌首先需要有基本的可靠性和一致性。我们没办法让已经处于愤怒中的顾客感到惊讶和高兴，或是给还在未知中徘徊的观众提供一些新奇体验。改变品牌宣传策略、调整品牌标志、发起新的品牌活动等，这些都是品牌把其观众拉入未知的手段，并期望观众的右脑能把品牌的新旧形象联系起来。当一个品牌做出改变，即使是很小的改变，它也会让观众感到一丝迷茫。无论这种变化是相当于剪了个新发型还是做了个面部重建手术，重要的是品牌需要开诚布公地向观众讲述关于这些变化的故事。如果你的朋友刚刚做了鼻子整形，然后她告诉你她做这个手术这是因为她的背部受伤了，你可能就会开始拼凑出一套你自己的解释，因为她的说法不可能是真的。很多

时候，品牌试图对品牌重塑或是新的品牌活动背后的原因进行美化，而不是对受众说实话。但在互联网时代，品牌可以把这些都说出来。

盖璞（The Gap）就犯了这样的错误，它在没有解释原因的情况下改变了其品牌标志性的商标，你们大概都知道结果会是如何。当顾客们对新商标做出负面反应时，盖璞改变了主意，并告诉人们这其实是一项众包活动，品牌想要找一个新的商标，请求大家多提意见。然后，这一做法受到了一堆设计师的强烈反对，他们声称大品牌要求人们无偿工作的行为降低了设计的价值。于是，盖璞恢复了原来的标志。这简直是混乱至极，虽然我们没有参与盖璞品牌内部的讨论，但很明显，内部和外部一样混乱。从来不明确地告诉受众自己要干什么，当受众做出负面反应时，品牌也不提供任何解释。完全是一片混乱。

当英国石油公司（British Petroleum）决定更新其品牌商标和品牌名字时，人们最初都持怀疑态度。英国石油公司的商标是一个广为人知的简洁的绿色盾牌，上面有衬线黄色字体"BP"，这一标志该公司使用了近70年（尽管其最一致的版本直到1989年才最终确定下来）。2000年，英国石油公司将其商标文字改为赫利俄斯（Helios）——一个以希腊太阳神命名的符号，并宣布了公司的新名称：超越石油（Beyond Petroleum）。这是品牌的完美重塑，因为保持了首字母的不变，该公司不需要清理以前留下的任何东西。

英国石油公司宣称，该品牌重塑代表了它将向环保型公司转型——它正在从"问题的一部分"转变为"解决方案的一部分"。你感受到这阵朦胧的温暖了吗？没有？我也没有。商标可以做一些强大的事情，但把石油公司变成环保斗士并不是其中之一。新的商标反而为怀疑者和批评者们提供了弹药。在深水地平线漏油及其他环境危机事件的发生期间，反对者们为英国石油公司创造了把油中赫利俄斯或被濒死的动物裹挟着的赫利俄斯商标。他们还会用字母 BS 代替 BP，诸如此类。该品牌给出的理由根本不符合品牌的实际情况，所以人们不买账。

纯果乐（Tropicana）在 2010 年决定改变其包装和商标，结果绝对是灾难性的。新包装采用更现代的字体，极简美学，并写着巨大的"100% 橙汁"，比品牌名称还大。负责重新设计的机构解释其改变的理由是"品牌想要呈现出或是发展到一个更现代、更时髦的状态。"你觉得这个理由有说服力吗？我觉得有。客户很难把这个新包装和品牌联系起来，即使他们意识到了，他们也会纳闷自己和之前买的是不是同一款产品。"100% 橙汁"，其本意是强调"纯天然"的产品属性，但品牌的忠实粉丝会质疑这是否代表产品品质的下降。为什么品牌会觉得自己有必要在新包装的正面，用粗体字写上这条信息？纯果乐从未向顾客们深层剖析该决定的原因，所以顾客们自己解释了一切。当人们陷入混乱时，人们会创建自己的秩序。当涉及品牌、资本家们的意图时，我们是不会以最大的善意去揣测的。算上付给设计机构的费用，以及随后而来的销售额下降，品牌重塑让纯果乐损失了将近 5000 万美元。

大多数品牌都应该努力达到类似于迪士尼乐园的效果。搭乘你的品牌顺风车的人应该感到安全，并且他们相信自己将获得积极的体验，它不应该是乘坐电梯或是乘坐老式过山车的感觉。创造微小的、可控的新奇体验有助于让人们感到难忘和愉快。它们使人们能够摆脱原有的表征世界，在当下直接体验面前的世界。迪士尼乐园的游乐设施就在连贯性和惊喜元素之间取得了优雅的平衡。同样，当品牌想为观众创造新奇体验时，这些体验应该从品牌平台中自然而然地出现。它们应该与品牌保持一致，并且在出现时有一定的背景支持。

未知的右脑领域为品牌参与提供了一块巨大的创意画布

品牌往往较少出现在右脑本我网络中。通常，在此类网络中，品牌会出现在用户之间的有机对话中。在右脑空间中，人们的对话也更加坦诚，而由于这些网络中缺乏品牌的官方参与，用户们的对话完全出于自己对品牌的认知。对于愿意尝试新领域的品牌来说，这是一个巨大的机会。就算是不愿意直接参与进来的品牌，对它们来说，右脑网络也提供了丰富的用户意见。由于右脑空间中的用户们处于探索模式，所以品牌有机会以更深入、更沉浸的体验来吸引人们。这也意味着品牌成功与否取决于其激发用户好奇心的能力。即使是一些简单的策略，比如嘉信理财提供的金融探讨线索，也会自然地吸引人们在本我网络中探索。

如果你使用过推特、脸书、照片墙甚至领英等平台进行营销，你可能已经发现，外链内容不太像图像或视频等平台内容那样推动用户参与。即使在有机空间中，自我和超我网络中也充斥着旨在吸引人们离开动态推送页的标题党内容，但用户们经常强烈反对这种模式。用户们更喜欢与动态推送页里的内容进行交互，这样他们就不必离开自己的推送界面，尤其是在左脑空间中。然而，许多右脑网络中都内置了这种"兔子洞"①。当用户在问红迪网社区（r/AskReddit）中看到一个帖子询问"2010年即将结束了，哪些趋势最令人遗憾？"时，点击该帖子即一种探索行为。这就是通往兔子洞的入口。这就是为什么即使是一个简单的问题，也能在几个小时内积累数百万次浏览和数万条评论。这个问题就拥有如此多的参与量。如果你好奇的话，获得票数的答案是：①伪装成"社会实验"的油管恶作剧频道；②令人讨厌的挑战文化；③扁平地球理论。我打赌你没想到，都2019年了，人们还在对这个理论进行辩论。

当品牌提出一个非常吸引人的问题时，它就是在为用户探索创造空间。最重要的是，这样创造出的内容是品牌与用户合作完成的。可口可乐2016年在红迪网的超级碗活动中就使用了该策略。该品牌与漫威工作室合作开发自己的超级碗电视广告，在播出之前，可口可乐号召漫威漫画爱好者以及博主们说一说自己心中关于两个漫威角色之间对决的"天花板"剧情。为了进一步激发大家的讨论，可口可乐提出了一个开放性问题，号召红迪网用户给予他们对漫威宇宙的理解，发挥创意："和哪一位漫威超级英雄联动，会让我们的活动有最好的效果？"

可口可乐首先在漫威社区中传播这个线索，然后最终扩大到红迪网的首页，该品牌的帖子下面收获了无数用户自己创作的故事。一些用户甚至编写了关于他们最喜欢的漫威角色争夺可乐的剧本。在超级碗期间，可口可乐发布了这段实况视频，引导红迪

---

① 兔子洞，出自《爱丽丝梦游仙境》，意为进入另一个世界的入口。——编者注

网用户在各个漫威社区有机地分享这段广告，并证实一位红迪网用户确实猜到了主角——绿巨人与蚁人。可口可乐给了漫威粉丝们在这则广告中自由发挥创意的能力，这种能力在左脑网络中就不会那么舒服。因为他们被其他漫威粉丝包围，参与的用户知道他们的观众和自己有着一样的兴趣。即使他们不是专业作家，参与者也能够在平等的社交媒体环境中创造性地表达自己。可口可乐正是利用这种自然的创造力和讨论推动了大量的有机分享和深度参与。

　　一个广告活动要想在右脑空间中取得成功，体验的深度是一个重要因素。前面提到的本我网络中成功的网络活动的例子——卡兹莫迷失于红迪网、奥迪的更快地思考、嘉信理财以及可口可乐的活动。每个活动都重点关注了参与者的体验，并为参与的用户们提供了真正深度的价值。这种对探索体验的本能渴望也反映在本我网络有机支持的品牌中。比如游戏和娱乐品牌，右脑网络是这两类品牌粉丝社区自然形成的空间。和粉丝社区一起出现的，还有粉丝艺术、小说、理论、讨论等。该效果非常强大，以至于当乔纳森·诺兰（Jonathan Nolan）和丽莎·乔伊（Lisa Joy）在为 HBO 的《西部世界》第二季写剧本时，诺兰在剧本小组中透露道，"我们所想的第三集的转折，红迪网用户们已经想到了，所以我们现在要改一改"。

在右脑网络空间中，要努力创造可探索的空间

　　大多数社交媒体营销者都不太重视用户体验的深度。大多数社交平台都暗示我们创建尽可能短且"快餐化"的内容。是的，

这是平台代表用来描述最佳内容实践的词。虽然通过"快餐化"的视角，我们能够更有效地思考如何在竞争激烈的推送环境中，吸引人们的注意力。但要在本我网络中，真正地成功吸引人们的注意力，我们应该努力为受众提供一些可操作且有意义的东西。如果我们要分享一个生活小窍门，那我们要确保这个窍门是有效的；如果我们要提供一个食谱，它最好是非常详尽的；如果我们打算在右脑空间中吸引观众，那可供我们发挥的创意画布很大，但必须要有所成果。

为迎接网飞（Netflix）电视剧《怪奇物语》（Stranger Things）第 3 季，品牌芭斯罗缤（Baskin-Robbins）打造了一款侵入式虚拟现实互动游戏（ARG），旨在把前两季的粉丝吸引回来。侵入式虚拟现实互动游戏是讲故事的一种形式，玩家根据线索，解决微妙的谜团，以揭示环环相扣的故事。这些线索通常隐藏在现实世界中，不论是线上还是线下形式。《怪奇物语》第 3 季的情节围绕着一家虚构的、名为 Scoops Ahoy 的冰激凌店展开，芭斯罗缤找到了与该电视剧建立联系的有趣方式，例如，主题冰激凌特辑以及怀旧冰激凌店广告等。

由于该电视剧的背景在 20 世纪 80 年代，芭斯罗缤的创意总监科特·米勒（Curt Mueller）指出："我们意识到，不论是侵入式虚拟现实互动游戏形式还是只使用 1985 年的技术做一个对当时来说非常奢侈的寻宝游戏，都是非常好的机会……玩家不能使用现代人用的互联网，只能使用传真和电话这样的东西……"侵入式虚拟现实互动游戏的入口点隐藏在品牌所仿造的 Scoops Ahoy 的广告中。两位主角介绍了一种新口味的冰激凌，口味名称叫"驶入芭斯罗缤"，紧随其后的是一个 1~800 的数字。该广告在真正的侵入式虚拟现实互动游戏活动发布前几周意外流出，到游戏正式发布时，一条在红迪网上拥有超过 1000 条评论的线索已经开始帮助人们解决难题了。

我需要承认一件事。这 1000 条评论中有许多来自重复评论者。与大多数营销策略不同，侵入式虚拟现实互动游戏并不会撒下最大的网。对营销人员来说，这似乎是有违直觉的，并且创建一个叙事型的完全独立的侵入式虚拟现实互动游戏来宣传电视剧，而电视剧本身就是一个叙事型节目，这似乎也非常艰难。"为了一个火腿三明治走很长一段路"，正如我最喜欢的一位创意总监曾经说过的那样。但这种策略不仅仅只是为了给几千名玩家创造有趣的体验。

从效率的角度来看，我们的营销努力旨在将信息扩散给尽可能广泛的受众，但广泛的、适合大众的活动不会引发品牌狂热。此刻，就是这些以深度体验为中心的活动，如侵入式虚拟现实互动游戏，真正大放异彩的时候了。成功地激发品牌狂热粉丝之间的讨论后，品牌往往可以通过媒体报道以及用户有机分享来获得影响力，而这正是网飞营销部门经常关注的。虽然芭斯罗缤的侵入式虚拟现实互动游戏可能只有几千人玩过（右脑参与），但互联网用户面对并解决侵入式虚拟现实互动游戏的故事会出现在鼓（ *The Drum* ）杂志、Mashable 博客、《广告周刊》（ *Adweek* ）、游戏行业出版物和其他新闻网站的一系列文章中。这些文章会将玩家们玩侵入式虚拟现实互动游戏的实际体验，转变为易于理解的，适合左脑表征的叙述。

游戏里的谜题本身因其设计和叙事，获得了红迪网和 Discord 社区的高度评价，而这些元素对玩游戏的人来说很重要。在右脑领域，人们通常和具有共同兴趣的社区，而不是孤立的个人交往，因此为了推动有意义的用户参与，品牌需要从社区层面提供令人信服的东西。针对流行电视剧的粉丝而精心设计的侵入式虚拟现实互动游戏就是一个很好的例子。说句公道话，《怪奇物语》本身就拥有一群狂热的粉丝，这意味着芭斯罗缤不需要做太多的努力就能得到很好的结果。如果没有和这部电视剧的关系，芭斯罗缤执行这个活动会更加困难——芭斯罗缤没有每天都会关注品牌动向的庞大粉丝社区。大多数品牌都是这样。对于传统品牌来说，侵入式虚拟现实互动游戏之类的活动可能仍然可以奏效。品牌只需要准备更加美味的"胡萝卜"。品牌应该尽自己所能，让胡萝卜对社区更具吸引力，而非个人。

为用户提供深度体验并不总是意味着需要做一些大制作或是错综复杂的侵入式虚拟现实互动游戏。就像把新奇事物带入左脑领域一样，我们可以用微妙的方式创造深度，引领用户们进一步探索。品牌蜂蜜坚果脆谷乐（Honey Nut Cheerios）在 2017 年，围绕对蜜蜂友好的野花开展了活动，并因此活动得到了红迪网上大量的有机宣传。

图片社区（r/pics）中的一篇帖子登上了红迪网的首页，获得了超过 50000 个赞，标题为"脆谷乐将免费向你赠送 500 颗野花种子，来帮助拯救蜜蜂（链接在评论区）"。这句话信息传递性非常强，以至于我忍不住看了看这位用户的历史记录，想知道他是不是脆谷乐的品牌代表。但我仍然坚信，这实际上只是一个对该消息产生了共鸣的普通用户。如果脆谷乐营销团队看到了，估计会咯咯笑着说要把我拉过来，夸我干得好。帖子中的置顶评论指路脆谷乐官网，网站中将脆谷乐的蜜蜂吉祥物和赠送野花种子的倡议联系起来。红迪网上有很多与科学相关的社区，所以有关环境问题的明智的解决方案是红迪网社区所喜闻乐见的。

这种有影响力的、零碎的、战略性的思维正是右脑社区喜欢的。这是一个很好的例子，品牌使用其营销资金来关注与支持某个实际问题，找到一个能够让人们直接参与进来、提供帮助的方法。不仅仅只有我这么认为。评论区里充满了对脆谷乐营销人员的赞美："向通用磨坊公司（General Mills）的营销团队致敬。""如果这是这个公司做广告的方式，我会支持它。"

右脑空间中的活动应做到旁观和参与一样有趣

品牌已经训练自己在左脑网络中吸引观众的最小公分母。品牌会问诸如"你最喜欢的歌是什么？"之类的问题。因为它知道自己在短期内就能得到大量回复。而在右脑领域，品牌需要调整这种思维。比起找到最小公分母，品牌更应找到最大公因数——能够让社区中的个人以及专家们提出有趣、有用且观点独特的东西。在右脑领域，我们不会根据响应的数量来判断品牌提供的话题线索的好坏；相反，我们会看用户相应的感兴趣程度。与其问"你最喜欢哪首歌？"不如问"你最喜欢的音乐家有哪些鲜为人知的事实？"我们仍然希望会有很多人能够回答这个问题，但同样我们也想建立一个有趣的话题。

右脑网络还为品牌提供了独特的机会，来激起拥有特定兴趣爱好或是那些电视节目的粉丝的热情。这些粉丝群体在左脑网络中往往过于分散，品牌无法有效地接触到他们。当网络动画《瑞克和莫蒂》（Rick and Morty）提到一种不起眼的麦当劳蘸酱时〔麦当劳只在 1998 年为动画电影《花木兰》（Mulan）宣传的活动中发布过这款蘸酱〕，该动画的粉丝立刻敲响了麦当劳营销团队之"门"。在推特上发布了一些不置可否的玩笑之后，麦当劳让其常驻大厨开始重新研制这款有近 20 年历史的蘸酱，但没有在社交平台公开确认此蘸酱会回归。等到差不多该发公告的时候，麦当劳在红迪网的瑞克和莫蒂社区（r/RickandMorty）中发布了一条神秘信息。帖子内容为"SOS 073017 2130 EST TWTR 3x.5GAL"，并附有一张图片，图片上是三个半加仑（美制 1 加仑 =3.7854 升）容器的豆瓣酱。这算不上是侵入式虚拟现实互动游戏活动，但它展示出麦当劳对《瑞克和莫蒂》的喜欢。红迪网用户们将这篇帖子推到了社区的首位，麦当劳则继续在帖子的评论中吸引粉丝们。麦当劳最初在相对较小的瑞克和莫蒂社区中发布的帖子，最后引发了诸多红迪网社区的大讨论。电视节目社区中一条有近 40000 人支持的帖子里指出：麦当劳将其中一罐四川豆瓣酱送给了《瑞克与莫蒂》的创作者贾斯汀·罗兰（Justin Roiland）。录影社区（r/videos）中的一篇文章介绍了一位红迪网上非常受欢迎的家庭厨师正试图在自己的家庭厨房中复刻这份酱汁。局外人社区（r/OutOfTheLoop）（该社区允许搞不清状况的红迪网用户们就自己不太了解的趋势提出问题）中则有一篇帖子，解释了为什么全网都对几瓶麦当劳蘸酱失去了理智。

　　像麦当劳这样的大品牌很少取得一些超越性的成功，但麦当劳在吸引了《瑞克和莫蒂》的粉丝之后发现了诀窍。事实上，虽然该品牌复刻了其广受好评的"卡通酱"，但它只向每个分店提供几十包。因此，当《瑞克和莫蒂》的粉丝们聚集到麦当劳分店准备"扫荡"时，他们中的大多数人都感到失望。虽然我说的是

"失望"，但我的意思是他们绝对吓坏了。因为警察都来了。

最为臭名昭著的一段视频是一个年轻人跳上麦当劳的柜台，尖叫着要豆瓣酱，他像一个脾气暴躁的小孩一样跺着脚，然后跌倒在地上喊着《瑞克和莫蒂》的内容，然后撒泼打滚，最后像火影忍者一般跑出了店。火影忍者是一个动漫，其中的角色在画师笔下，跑步时总是双手放在身后，身体前倾向前飞奔。这个视频片段已经成为那些让人感到不适的互联网文化的代名词。不管这是不是一个刻意的"恶作剧"，但很多《瑞克和莫蒂》的粉丝确实不开心。体验的深度很重要。当品牌向右脑网络的社区做出承诺时，它最好兑现——做足够多的豆瓣酱！互联网永远不会忘记！

很多品牌都尝试过在社交媒体上使用惊喜和愉悦策略，尤其是当脸书和推特等平台首次出现在营销领域中时。当人们参与其中时，赠送产品或是发放优惠券可以吸引用户注意力并推动用户参与，但品牌在左脑网络中真正的英雄时刻往往被忽视了。这是将社区优先于个人的右脑网络的另一个有意义的差别。社区成员关心在别的社区成员身上发生的事情，即使是大规模社区也是如此。

为筹备电影《金刚狼3：殊死一战》（Logan）的上映，福克斯工作室（Fox Studios）在红迪网上使用了惊喜和愉悦的策略，并在社区层面展示了广告的力量。遵循在传统广告体验中增加一些非传统的激活的主题，《金刚狼3：殊死一战》在2017占据了红迪网的头条，并注释，"金刚狼最后一次伸出爪子"，并问红迪网用户"你们想看什么样的内容？"评论区打开后不久，一位深藏功与名的粉丝出来回答了这个问题，并提出了一些具体的要求：

> 其实我们想看什么是无关紧要的，因为这部电影已经拍摄和编译完了。但我还是有以下几点希望：
> • 金刚狼可以穿上在《金刚狼3》或《X战警：逆转未来》结尾处出现的蓝黄套装；
> • 要有一丝成熟的神秘感，最好像珍妮弗·柯立芝（Jennifer Coolidge）那样；
> • 快球特辑，罗根将X-23投掷到敌人那边；
> • 死侍把钢琴丢到罗根身上，就像《X战警起源：金刚狼》中那样。

在我对这位用户（u/Spencerforhire83）评论的复述中，你看不到原评论里附加的大量链接，这些链接指向各种漫画书场景、参考资料和演员信息，用以阐明他的观点。

当另一位用户调侃"这家伙似乎知道自己在说些什么"时，u/Spencerforhire83又进一步评论，扩展了他对漫威的热情和对休·杰克曼的热爱。

> 30年漫龄，我拥有每一部已经上映的漫威和DC电影，甚至还有一些没上映的原版《神奇四侠1994》（*Fantastic Four 1994*）。我知道自己想在超级英雄电影中看到什么。
> 实际上，我之前曾在首尔世界贸易中心的奎兹诺斯快餐厅（Quiznos）中遇到了休·杰克曼（Hugh

Jackman），我排队时听到路人们在窃窃私语。我一转身，他就在那里，身高超过 6 英尺，看上去有点邋遢。

我说，杰克曼先生！你在这里做什么？

他回答说，我是来看电影的（《X 战警起源：金刚狼》那天晚上上映）。这里有什么好吃的？（没错，休·杰克曼让我推荐三明治）我说意式三明治配红洋葱、烤蓝纹奶酪和橄榄。他说，好呀，听起来不错。

我没有向他要签名或照片，因为我觉得这种形式很糟糕。

而且我想我也有点"被"追星了。

此外，如果你想在首尔的奎兹诺斯买到蓝纹奶酪三明治，世界贸易中心是唯一能买到的地方，该市的其他奎兹诺斯店不卖蓝纹奶酪。

其他用户纷纷参与进帖子，要求该宣传活动的福克斯官方账号——《金刚狼 3：殊死一战》电影官方（u/OfficialLoganMovie）对此进行记录。福克斯最终用一个简单的评论回应了这个故事："你能把你的信息发给我们吗？"仅该回复就获得了 3800 多次赞成，而这足以让红迪网用户们集体失去理智。

最终，u/Spencerforhire83 更新了原来的评论："编辑：福克斯工作室注意到了我的评论，他们将带我去纽约见杰克曼，我也可以在红毯放映中看到《金刚狼 3：殊死一战》！谢谢你们！"他后续接着在相关的社区中发布了旅程更新。他还在时尚社区里发帖征求大家对他的"红毯休闲装"的意见。在电影社区（r/Movies）和 X 战警社区（r/Xmen）中，他重述了原始的故事线，并滔滔不绝地谈论了电影本身。与他相似，另一个红迪网将福克斯广告的原始线索发到了一个名为"最佳"（r/BestOf）的社区中，然后该社区制造的故事现在算是红迪网社区历史上的标志性时刻了，还登上了首页。同样，几十个帖子之后，这个故事已经传遍了整个红迪网平台，最后，福布斯工作室又支出了一张往返纽约的机票，以及又安排了一个红毯放映的座位。这对福克斯来说不是一笔坏交易。

因为红迪网用户之间互相有种亲近感——他们觉得自己属于同一个集体——所以他们互相关心彼此身上发生的事情。当红迪网社区中有人身上发生了什么大好事，整个社区都会围在他身边庆祝。想象一下如果福克斯工作室在推特上尝试类似的惊喜和愉悦策略。也许他们会在推特上发布类似"告诉我们你为什么是金刚狼最忠实的粉丝，我们可能会带你去红毯放映！"之类的内容，这很直奔主题，但给人的感觉就像场交易。或者，他们只是在推特上找一个非常期待这部电影的人，然后把他带去首映式。那谁又在乎呢？或许只有这个人的那几百个粉丝会在意？除非这些促销活动与故事相结合，不然不会产生很大的影响力。但由于红迪网用户希望看到 u/Spencerforhire83 可以体验一些对他自己非常有意义的独特事情，所以这件事覆盖到的群体远远超出了福克斯付费推广得到的范围。

对品牌来说，了解不同数字环境之间的细微差别，以及不同社交网络结构中不同的思维方式是很重要的。但品牌营销人员开展业务的时候，往往手握有限的资源，而肩负很高的期望。所以

我们要在兼顾各个平台与保证内容输出效率之间达到平衡。随着
我们对数字领域的看法不断提升，我们能够认识到哪些类型的策
略和活动适合左脑参与而哪些适合右脑。

　　在左脑网络中，人们被一个已知的世界包围——或者说人们
处于自身对世界的表征中。当混乱被带进这个空间时，摇摇欲坠
的已知领域很容易被压垮。人们自己构建的已知世界与未知世界
相比相形见绌，熟悉的那层外衣很容易就被剥去。同时，过多的
秩序和规则也会让观众感到无聊。一般来说，作为品牌，我们在
左脑空间中应该创造足够多的新奇事物来吸引人们的注意，在不
破坏人们对品牌已有的认知结构下，改变人们对品牌的看法。

　　在右脑网络中，人们处于一种积极探索、不修饰表达、与社
区相关联的模式中。品牌在其中的目标应该是提供有趣且新颖的
探索领域，为观众创造深刻的体验，并且提供一个平台，使观众
可以和品牌一起，充满活力地创造共同价值。无论是通过提供高
成本的作品来构建探索空间，还是仅仅引导一场有趣的讨论，品
牌应该从创造帮助个人表达自我的标志性内容，转变为能让更广
泛的社区参与的内容。品牌可以通过利用大多数社区中自有的多
样性来吸引观众的注意——为讨论创建平台，欢迎人们发表不同
的观点，或是允许人们以有趣的方式表达各种意见。

　　虽然左右脑网络和左右脑本身都值得拿来单独分析，在一些
重要方面，这两部分是相辅相成的。品牌如果想要尽可能地提升
营销效率，了解两者之间的关系是非常重要地。在下一章中，我
会开始将这些策略整合，阐述一个关于品牌在网络空间提升用户
参与的连贯而完整的方法。

✐ 要点总结

- 左右脑能够处理两大不同进化问题：直接体验世界（右脑）和以表征的方式解释世界，从而认识世界（左脑）。

- 在自我和超我网络中，人们创建关于自己的表征，并将其用作在复杂社交环境中定义自己的工具。自我和超我网络可以被认为是左脑网络。

- 在本我网络中，人们处于探索新信息以及直接和未知世界接触的模式中。本我网络可以被认为是右脑网络。

- 在左脑网络中，提供新奇事物可以吸引注意并提升观众对品牌的认知度。品牌应该努力在保持品牌一致性和提供足够的新颖性之间找到平衡。

- 在右脑网络中，观众需要深度体验，这种体验顺应了观众的不断探索、坦率表达以及围绕志同道合的社区进行组织的趋势。

第九章

模因流

右脑—左脑—右脑

我们可以通过两种基本途径来谈论自己坚定的信念。一种方法是进行真诚的讨论，以开放的态度追求真理。我们就一个主题提出自己的观点，并留意其他观点，以防自己疏漏了什么。在这样的讨论中，任何观点都不太可能永不改变。通常情况下，仅仅是对外部观点的参与，就能帮助我们通过多维度看待问题，这是凭借自己的单一观点根本无法做到的。

另一种方法，就是表达它们。我们正在谈论一些关于自己的事，并向世界表达自己。我们将自己的一部分放到社交媒体空间中来定义自己，我们展示着自己的信念以寻找志同道合的人，或是至少得到别人的认同。当我们表达自己的信念时，就不太可能再改变想法，不仅因为我们没有参与进一些挑战我们信念的活动中，还因为此时改变想法意味着我们的部分身份也会因此改变。

在第一种情况下，我们直接与世界接触，并允许经验影响我们原先的观点。在第二种情况下，想法成为我们自我和身份的代表。在前一种情况中，我们表现出右脑的特质；而在后一种情况中，则表现出左脑的特质。难怪在推特和脸书等左脑网络中，关于政治、宗教以及其他大多数两极分化话题的对话往往毫无成效。

有时，我们寻找信息并根据寻找到的内容形成意见。这时，我们是脆弱的，因为新信息威胁着我们之前根据已知信息建立的认知结构，而我们不希望整个结构被颠覆。但是这些脆弱的时刻对品牌来说就非常重要了，因为这是品牌影响人们对其看法的机会。在人们表达信念的时候改变他们的看法和在人们形成信念时改变他们的看法，所需的是不同的策略。

在本书的第一部分内容中，我们讨论了共享驱动型社交媒体创意常常表现出来的品质，我们研究了一个两轴结构。在一条轴上，内容可以是标志性的，帮助人们向他们的朋友展现自己，例如数字服装；或是标签性的，单纯有用并值得人们保存下来。在另一条轴上，内容可以是共情性的，与人们的日常生活相关，赋予人们灵感在此时此刻就去做些事情；或是激励性的，代表了人们最终渴望做成的事情。这些内容的品质也映射到左右脑对世界的看法中。

当内容是标志性的，或者当它代表了我们最终渴望做成的事情时，它就与我们的自我表现相关。我们把作为标志的内容"佩戴"在身上，展示给朋友们看，从而帮助我们定义自己的身份。与我们渴望的东西相关的内容和我们对未来自己的内部模拟相关，我们对自己未来会成为什么样有着美好的憧憬。当内容具有标签性和共情性，并鼓励我们在日常生活中采取实际行动时，它就会吸引那些与我们的直接体验和接触有关的右脑加工。

一般来说，这可能是我们在创建适合左右脑网络的内容时，一个重要的考虑因素（图9.1）。当人们处于表现模式时，品牌应该用具有标志性以及激励性的内容武装他们；当人们处于探索模式时，品牌应该努力为他们提供和他们兴趣相关的内容，并激发他们采取一些当下的行动。这并不是说我们为左脑网络开发的每一条内容，都应当完全被左脑的特征决定，我们为右脑网络开发内容的时候也是一样的道理。在我们的日常生活中，两个半球不停地活动，我们在它们之间流畅地切换着视角。不能说因为参与的是我们的右脑网络就意味着这段内容不能引起左脑的注意，反之亦然。

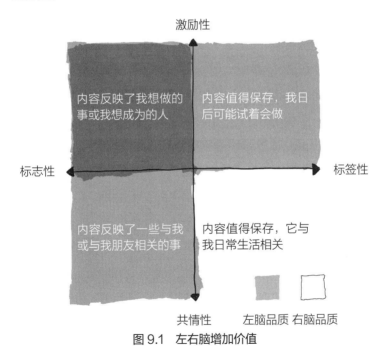

图 9.1　左右脑增加价值

虽然展示了左脑品质的内容——标志性与激励性内容，确实容易在左脑网络中获得不错的结果，但鼓舞人心的内容也可能会吸引人们的注意，并把人们转向右脑视角。同样，人们通过右脑探索发现的实用且具有感召力的内容也可能成为一种标志性的左脑表达。比如我的右脑探索了摄影社区，而我在该社区发现了一个有趣的模因，那我可能会将其作为一个标志贴在左脑领域——"我是一名摄影师，从摄影师角度来看，这个东西很有趣。"不过，总的来说，这还是一条很好的经验法则：具有符合右脑特点的内容往往会在右脑网络中更自然地茁壮成长，反之亦然。品牌在内容开发过程中，可以从这条法则出发，多多思考。

根据伊恩·麦吉尔克里斯特（Iain McGilchrist）的理论，我们大脑半球之间信息的自然流动始于右脑，而后右脑将直接经验传递到左脑进行加工。一旦左脑加工完毕后，处理好的信息将返回右半球重新整合，因此麦吉尔克里斯特将右脑比喻为"主人"，将左脑比喻为"使者"。同样的模式在左脑和右脑社交网络更宽广的层面上依然有效。

互联网上大部分原创内容都来自右脑网络——毕竟，这些网络围绕兴趣将人们联系起来，培养了社区意识，从而满足了模因形成和传播所必需的条件。右脑网络社区的成员经常将这些内容带到左脑网络，以表达自己的某些身份。右脑网络倾向于将自己视为互联网文化的幕后观察者，它也经常在元层面上讨论左脑网络中的活动，勉强称得上是一种再整合。一些流行的右脑网络社区就是为了做到这一点而组织起来的，比如黑人推特社区（r/BlackPeopleTwitter），该社区对"黑人在社交媒体上发布的搞笑或有洞察力的内容的截图"进行了分类；或是老人脸书社区（r/OldPeopleFacebook），该社区收集了关于老年人误用社交媒体的截图。

品牌很容易在错误的时间向人们传达正确的信息，或是在正确的时间传达一些错误的信息。当人们从右脑的视角接近品牌时，他们是真心地想要从品牌那里寻找到一些信息，或是得到有用的互动。当人们开始对品牌形成印象，或把该品牌与其他品牌进行比较时，他们会直接参与到有关此品牌的体验中去。品牌说过的话、做过的事以及他们和品牌互动时产生的感受，都将留下持久的印象。与客服互动、直接联系品牌方以及寻求关于品牌的真实答案都是人们在同品牌进行右脑互动，这些是人们向品牌方发出的主动信号，让品牌方明白自己愿意与他们建立联系。但是，当人们向关注自己的人发布有关某品牌的推文，或是在模因中提到该品牌的产品，又或是在照片墙上发布的照片加上了该品牌的标签时，他们并没有真正试图直接与此品牌互动。他们只是用该品牌来代表他们自己或是他们的生活。这两者都可能是非常重要的时刻，但需要品牌采取不同的处理方式。

下面给大家介绍一下购买行为漏斗模型。在购买行为漏斗的顶端和底端往往是右脑参与的时刻。注意，处于漏斗顶端的是一个右脑参与的时刻——这是人们对品牌的第一印象。人们无法表征自己不知道的东西，所以当人们第一次真正注意到我们的品牌时，我们的品牌表达会告诉他们应该如何在自己的脑海中呈现我们的品牌。大多数品牌都明白品牌第一印象的重要性，但随着我们的行业不断朝自动化和效率的方向发展，第一印象的真正重要性可能会被低估。人们是从哪里听说我们的品牌的？或是从谁那里？在什么情况下？还有哪些品牌被提及了？说法是积极的还是消极的？这些都是我们在"消费者旅程"幻灯片中编撰出的节点，但我们内心深处明白品牌是没办法控制或制造这些节点的。在某些情况下，品牌的第一次曝光可能是通过广告或者其他品牌官方宣传。但对于大多数大中型品牌方来说，他们无法准确说出用户从哪里第一次接触到自己的品牌。这就是品牌形象以及声誉在无形中产生不可估量的影响的地方：我们是否创建了一个有足够吸引力的品牌吸引人们选择我们？当他们寻找关于我们的信息时，他们会找到什么？

购买行为漏斗的中部通常以权衡和偏好为特征。通过左脑的视角可以更好地理解这一点。人们一旦注意到一种新产品（右脑），就会将该信息传递到左脑，以将其纳入自己已有的表征结构。这个牌子是个什么样的牌子的？我对这个类别有什么样的了解？这个牌子有哪些竞争对手？什么样的人会购买这些产品？我属于那类人吗？左脑负责接收遇到这个（假设的）新品牌的独特体验，并将其纳入我们已有的对世界的表征中。

因为此刻我们正在处理左脑空间中的表征，所以人和品牌交互模式发生了变化。如果我们是一个有抱负的街头时尚品牌，而有人发布了穿着我们品牌衣服的照片，试图让自己看起来前卫。那么，如果我们用"酷酷的外观！"来评论它，这句话很轻易就消除了我们之前建立的所有品牌"酷感"。如果我们真的很酷，我们会对这种事习以为常，以至于几乎不会注意到谁又发了这样的内容。或者，我们可以发布一些晦涩的表情符号或是直接与此人私聊，看看他是否愿意让我们在账号中展示这张照片。这并不是要阻止品牌与有机内容互动，只是品牌需要注意发布该内容的人希望达到什么样的目标。

尽管客户服务这个词已经变得乏味，但它是另一个品牌与右脑互动的关键时刻。一个人的订单遇到了问题，购买的产品坏了，或者他需要换货。除了在社交媒体哗众取宠的情况下，"客户服务"会被大声公开地提出，一般而言，客户服务的互动往往是个人之间的。客户服务不是经验的表征，它是顾客和品牌的直接接触，最终会被顾客们分类和存储。在麦肯锡（McKinsey）咨询公司关于客户服务重要性的一项研究中，85% 对客户服务有积极体验的顾客会增加对该品牌产品的购买，而 70% 体验不佳的顾客对该产品的购买量则表现出明显下降。品牌和用户右脑参与的接触，不论多么短暂，都是能够给用户带来持久的积极印象的关键时刻。

当人们在自己的帖子中提到我们的品牌时，我们很容易会将其误解成一个一对一互动的暗示。但这并不是用户实际的想法，除非他们竭尽全力地确保自己的消息被直接发送给我们。还记得温蒂汉堡的例子吗，有人说自己要把菜单上的东西全买一遍，结果发的证明图只是一个垃圾袋。而温蒂汉堡对此回应说："感谢你宝贵的分享"，因为该品牌明白这个发帖子的人并不是自己的粉丝。温蒂汉堡内容的观众不仅包括了品牌的追随者，还包括了此类"垃圾袋"追随者。垃圾袋追随者们也会在推特动态中和温蒂汉堡互动。这是一场品牌的自我表征与发帖者对品牌的表征之间的战斗。

毕竟他们是我们内容的观众，而非辩论对手，通过和他们辩论，我们可以将品牌观点和品牌角色变为现实，同时也巩固品牌的底线。由于品牌在社交媒体上如此的小心翼翼，大声的批评者能够轻易地欺负品牌，例如把品牌从其广告活动中拉出来进行一些不必要的道歉。通过云淡风轻的回击，品牌能够向人们表明自己将坚持的立场。网飞曾经转发了一张鲁保罗变装皇后秀（Ru Paul's Drag Race）节目中一位演员穿着狮子服跳钢管舞的动图，一位追随者回应道："这真的是网飞官方号发的推文吗？这真的是他们转发的内容吗？真的。居然是真的。"网飞简单地回复："对。"这条的回复获得了100多次点赞，比它回复的原始推文还多。众所周知，在互联网上辩论的结果是通过点赞数来判断的。

我们知道，在左脑空间中，人们忙于自我表现，而这正是品牌应该帮助他们做的事情。通过创建一些能够代表品牌，并代表喜欢此品牌的人的内容，该品牌就能融入人们愿意参与的内容类型中。当品牌创建适合左脑参与的内容时，信息尽可能是简单的、平易近人的，并且品牌用于表达自己的措辞也应当打动人心、易于理解。有时这令人很痛苦，因为品牌想要分享的有关自己的东西常常很多且很复杂。当然品牌需要去表达这些东西，只是要在正确的地方。当有人被我们品牌发布的左脑内容所吸引时，我们希望他们相应的右脑枢纽也被激活，进而自发地去了解我们，收集有关我们的信息。

每个品牌都必须在真实表达与扩展表达之间取得平衡

一个达到左脑和右脑之间，即内容的易被消费性和深度之间的平衡的例子是达能旗下的碧悠酸奶（Dannon's Activia）。碧悠益生菌酸奶自称是一种对肠道健康非常友好的特色产品。碧悠通过宣传"益生菌"对健康的益处，使自己在拥挤的酸奶市场中脱颖而出。在其网站上有一段油管视频，视频内容为"只有碧悠酸奶中含有数十亿我们人体需要的活性益生菌。"关键有"我们的"这个词。碧悠拥有含有一种名为乳双歧杆菌——B益畅菌的特殊益生菌菌株专利，该益生菌被认为有助于维护消化系统健康。事实上，大多数酸奶都含有相似数量的益生菌，市场上有数百种含有不同益生菌的酸奶产品。但碧悠是第一个用主流的且易于理解的方式谈论它的品牌。根据达能提供的研究结果显示，B 益畅菌可以改善肠易激综合征（IBS）患者的一些症状，但胃肠病学家克里斯汀·蒂利什（Kirsten Tillisch）说，这些研究中的参与者每天会服用两至三次碧悠酸奶，明显多于一般人一天会摄入的剂量。

上面的整个段落可能都充满了与你无关的信息。除非你有肠易激综合征，如果是这样的话，我很抱歉。B 益畅菌可能不会激起你左脑的好奇心。你可能甚至都没在脑中读一读这个单词。这就是碧悠的魅力所在了。达能的策略是把这个复杂的话题浓缩成可以与左脑产生共鸣的易被消费的话题。碧悠不是新产品，它于 20 世纪 80 年代以达能碧悠（Danone Bio）的名字发布于法国。2006 年，它被引入美国，销售额达到了 1.3 亿美元，第二年又增长了 50%。至 2009 年，碧悠的全球销售额达到了 26 亿欧元，而碧悠因其带动了健康酸奶和益生菌产品类别的发展而广受赞誉。

碧悠传递内容的方法既简单又高效。在脸书的一段创意内容中，该品牌以一张女性腹部特写开头，然后叠加文字，"对每个人都有益的肠道健康"。而后广告中添加了一个简单的标注，上面写着"益生菌 + 益生元"，却完全不解释这两个词。该品牌假定我们要么听说过这两个东西并且知道它们对我们有好处，要么我们以前从未说过它们但有希望得出相同的结论。同一广告活动的另一个创意内容使用了类似的策略，标题为"还在找益生菌吗？找到了！"图片是一个女人喝着碧悠的产品。另一张图片中的文字写着"20 年的肠道健康研究"，这句话在一系列不同身材和肤色的女性胃中循环，最后终止于碧悠酸奶的特写图。

通过将自己附加到已建立的左脑结构中，这些创意内容不仅把信息完美地传递到左脑，而且它们还绕过了右脑的过滤器。碧悠假设关注健康的人可能听说过益生菌这个词，即使它给出的完整定义是不明确的。通过称自己为"益生菌酸奶"，该品牌将自己加入了人们预先存在的、可能有点模糊的一种左脑类别中"健康食品。我可能应该多吃点，但我真的不知道在哪里可以找到。"说实话，任何酸奶产品都可以声称自己含有益生菌，即使它并没含有特别的 B 益畅菌。如果观众对"益生菌"的概念有一个模糊的表征，但又不知道从哪里能获得益生菌，那么困难的那部分工作就已完成。碧悠不必再向右脑宣传，不必复杂地解释益生菌所有的好处。

大多数人不会深究"益生菌对你有好处"之类的主张，因为觉得没必要，把这份工作交给专业人员或是我们办公室里的凯伦要容易得多，她总是会发一些关于这类东西的文章。但以防人们想深入了解益生菌，碧悠也制作了一个网页，作为提供给左脑的轻松内容的补充，其中包含有关益生菌是什么、它们如何工作、它们对健康的益处以及"肠—脑通信"研究等的信息。

作为品牌，我们必须要在简短的卖点（这很可能构成了我们大部分的广告和社交网络内容以及详细的解释）与清楚而深入地阐明我们为什么要做这件事或者创造这件东西之间达到平衡。即使大多数观众并不会去寻找这种深度的信息，但它可以避免怀疑论者发问。如果品牌的内容没有可靠的信息来源，那它的说法就有可能只是表象。这并不是说每个营销人员都会提出一个并非百分百真实的主张。

没有右脑的锚，左脑的钩会给人虚假的感觉

以格温妮丝·帕特洛（Gwyneth Paltrow）的品牌 Goop 为例。Goop 出售诸如"内含紫水晶的水杯"之类的产品，声称"可以帮助你挖掘自己的直觉"，以及"心灵的吸血鬼杀虫剂"。其使用方法非常简单，"喷洒在气场周围就能防止精神攻击和情感伤害。"Goop 的官网试图为这些面向左脑的主张补充一些解释，发布了一些长篇文章，关于水晶如何通过使用……能量或者磁场？或是不同水晶如何在不同磁场下发挥不同作用。但是，接下来的话可能会让你大吃一惊，这些文章不包含任何来自第三方来源的合法引用或链接。

关键是水晶和益生菌本质上是一样的，它们都很神奇。这只是我的看法，不见得是正确的。我们不是科学家，也都听说过关于二者的积极主张。一般情况下，我们也不会选择穿上实验室外套并自己进行实验来证明这些东西。但二者的不同之处在于，关于益生菌有一整套学科，积极研究着益生菌的工作原理与益处；而关于水晶的说法则相当于在已经摇摇欲坠的左脑结构上，继续建造越来越高的脚手架。

似乎每隔几个月，Goop 就会引发一些嘲讽的头条新闻，例如"格温妮丝·帕特洛的 Goop 吹捧把玉蛋放入阴道的'好处'，现在它必须付出代价"和"广告监督局发布文件投诉格温妮丝·帕特洛的 Goop 存在'欺诈性'健康声明。"令人惊讶的是，Goop 似乎依然有着一个与世隔绝的信徒社区，很难否认 Goop 从一个有 150000 名订阅者的时事通信账号成功转变为一个价值 2.5 亿美元的品牌，也很难说帕特洛的影响力在多大程度上推动了这种成

功，但就更为主流的市场的增长而言，Goop 处于困境中。该品牌依靠帕特洛的声誉和名人代言来保持其号召力和参与度。用一种非常不科学的办法来评价 Goop 在照片墙上最近的 100 个帖子，截至撰写本文时，前 10 个最受欢迎的帖子中有 6 个是帕特洛的照片，尽管这 100 个帖子中只有 11 张是她的照片。所以尽管帕特洛的照片只占整体内容的 11%，但最引人入胜的内容中有 60% 都是她贡献的。

品牌仅靠钓左脑上钩就获得成功是很罕见的，尽管有时通过名人和影响者的支持确实能做到。但更常见的是，初创公司和新品牌试图提供非常多的信息来解释自己的品牌价值，提供的信息数量远远多于观众能够处理的数量。品牌沉浸于提供右脑体验中：告诉人们他们的想法是什么、他们在做什么以及为什么做这件事对人们很重要。他们自然倾向于传达这些策略和细节，从而（有希望）获得成功并在市场中脱颖而出。

幸运的是，基于广泛的右脑要素，加工出吸引人的左脑话题是比较容易的。而不幸的是，这个过程通常取决于个人的判断和品位，尤其是对于小公司来说，这意味着很容易避重就轻，因为吸引公司创始人的东西并不总是能够吸引到广大受众。但是，如果品牌使用社交媒体来衡量消息传递的有效性，并根据得到的结果进行优化，那最终它应该可以找到一种能够吸引左脑注意的输出方式。

当我们和推特上表达着自己政治信仰的人打交道时，任何细微的讨论或研究都不太可能影响他们的主流态度。我们也会认为他们表达的，关于世界的根深蒂固的信念是他们身份的一部分。同样，当我们与"改变我的看法（r/ChangeMyView）"等思想开放

的社区进行交流时，在这种社区中，对既定信念的简单表述注定
会格格不入。为了让我们的品牌更有效地接触到人们，我们需要
了解人们在以何种方式参与，并对我们的方法进行相应的调整。
在左脑领域，为人们提供可以代表他们（和品牌本身）的内容，
可以帮助提高品牌影响力，巩固品牌与粉丝的联系，并自然地得
到粉丝们的认同。在右脑领域，品牌需要直接参与粉丝的对话，
并在对话中与粉丝保持一致。这么做，品牌将能够为人们提供真
正积极的体验，而这些体验决定了品牌在人们的左脑表征中处于
什么类别和位置。

　　品牌向左脑下的钩子必须与给右脑提供的锚点保持平衡。在
左脑领域，当我们提供的信息与受众原有的知识结构有联系时，
信息能够更好地保存下来。传递该消息的方式应该尽可能简单且
易于理解，但我们简短的声明应该有深度信息的支持。对于某些
想要宣传自己的革命性技术的品牌来说，这意味着它需要制作引
人注目的标题（左脑），同时也需要全面解释该技术的工作原理
（右脑）。对于其他品牌来说，这意味着使用非常精炼的话来指向
一个深刻而引人入胜的故事，即品牌是谁，为什么要做它现在做
的事。

　　每个品牌都有一个切实的目标——解决问题、提供有价值的
东西等。在这个低细节的整体背景之上，我们开始了有体系的营
销工作。我们不断推进着能够很好代表我们品牌的特征和元素。
如果一切进展顺利，受众们对这些信息的反应会反馈给我们，告
诉品牌下一步该怎么做。左脑空间的成功和右脑空间的成功并不
是割裂的。它们都是大脑体验世界时自然而然遵循的循环的一
部分。

✏️ 要点总结

- 人们处理信息的方式遵循一个可预测的模式。右脑体验新信息并传入左脑，左脑提取重要细节并将其纳入知识结构中，然后将加工过的信息传递回右脑进行重新整合。

- 当人们通过右脑参与内容时，人们处于一种正在形成和发展自身信念的模式中。这是一个脆弱且通常很短暂的窗口，人们通过这个窗口和品牌进行独特的、直接的接触，比如寻找客户服务。

- 在左脑环境中，人们通过表达自己的信念以表达自我，而不会参与信念本身中。人们往往会笼统地提起品牌，而不会直接和品牌接触。品牌推动人们的参与时应该考虑他们自我表达的目的。

第十章

建立和完善社交媒体战略的五个经验

康卡斯特（Comcast）——大多数营销人员仅仅是听到这个名字，就足以让其脊背发抖。至少我是这样。康卡斯特不仅仅只是个不被喜欢的品牌——当你走进一个满是与该品牌打过交道的人的房间时，你几乎可以确信每个人都有每个人的恐怖经历。说句公道话，我们真的只有在出现问题时才会注意到康卡斯特——一家主要提供互联网、电话和电视接入服务的电信公司。尽管如此，互联网对康卡斯特的仇恨还是根深蒂固。

2015 年，在红迪网的有史以来最热门的帖子汇总中——不局限于一个特定社区，而是全平台十万多个活跃社区中，一篇关于康卡斯特的帖子排名第六。帖子标题为"康卡斯特"，帖子内容如下："如果你们点赞这个帖子，当你们在谷歌图片中搜索康卡斯特，有线电视或互联网服务提供商时，这张图片就会出现。"这篇文章基于一个非常熟悉且非常"红迪"的概念。红迪网用户认识到，点赞多的帖子往往在谷歌上排名很靠前。如果在帖子标题中使用特定关键字，如果人们用谷歌搜索此关键词，该帖子就有可能出现在搜索结果中。这是一种深度参与的元形式，被红迪网用户永无止境地推动的边界。

该帖子引发了红迪网内外对康卡斯特的强烈抵制。虽然康卡斯特糟糕的客户支持服务已经足以激怒许多互联网用户，但它对臭名昭著的《禁止网络盗版法案》（SOPA）以及《保护知识产权法案》（PIPA）的支持，使其成为互联网蔑视的靶心。虽然据称，《禁止网络盗版法案》和《保护知识产权法案》都旨在消除网络版权侵权，但这两项法案都赋予了电信公司新的权力来决定带宽分配。历史上，互联网服务提供商一直被视为"公共承运人"，就像航空公司、出租车和货运公司一样。公共承运人被指定为不带歧视的公众服务者，而《禁止网络盗版法案》和《保护知识产权法案》都是为了消除这种身份。网民担心像康卡斯特这样的公司有权随意禁掉自己不喜欢的网站，如果康卡斯特与根深蒂固的商业巨鳄进行交易，那么普通互联网用户将处在一个非常不利的地位。简而言之，你找不到一个比康卡斯特更让红迪网用户讨厌的公司了。

非常突然，2016年，康卡斯特在红迪网上创建了自己的社区，名为"康卡斯特_超无限网络"社区（r/Comcast_Xfinity）。接下来我要说的事情可能会让你警醒，你可能还没有准备好。但这是事实，你需要听到一听。尽管康卡斯特有恐怖的客户服务故事，网速限制，甚至还支持《禁止网络盗版法案》和《保护知识产权法案》，但康卡斯特有非常深远的战略，而且在红迪网上表现一流。

根据描述，康卡斯特_超无限网络社区是"红迪网上的超无限网络官方资源，你可以向其寻求帮助"，以及"如果你遇到什么问题，我们的专家会在这里帮助你解决它们"。康卡斯特并没有远离这个对自己如此尖酸刻薄的社区，而是选择直接跳进了野兽的血盆大口，正面解决问题。好吧，这不足以解决《禁止网络盗版法案》和《保护知识产权法案》的问题，但它后来声明放弃了对这些法案的支持。这是一个很好的例子，展示了品牌倾听社交网络的意见并执行了适合右脑的策略，让人们对品牌有切实的体验。该品牌通过客户服务，承认它对人们意见的重视。该品牌付出了真正的努力以提供价值。

康卡斯特_超无限网络社区是有秩序的，它按预期运作，最重要的是，它提供了一个解决问题的地方。它自然地融入了红迪网庞大的生态系统。在这个社区形成之前，常常会有人在技术或网速相关的话题中抱怨康卡斯特。不可避免地，一个糟糕的客户服务故事会滋生更多故事。评论直接变成康卡斯特客户服务恐怖故事会的情况并不罕见。但因为红迪网的本质是帮助社区成员，所以现在，当有人提到有关康卡斯特的问题时，其他用户很自然地就会将他引导到康卡斯特_超无限网络社区。而在这个社区中，康卡斯特通常回复很快并且乐于助人。

创意和策略对于形成品牌的社交媒体渠道策略非常重要，对开发品牌内容来说也一样。康卡斯特制定这个策略时没有多少可以参考的研究或是实践，因为这个领域是未知的。品牌化的红迪网社区少之又少，活跃的更少。康卡斯特通过倾听社交网络的声音，并真切地考虑它听到的东西，才最终做出了这一战略。

在本章中，我们会探讨一些指导方针和建议，将更广泛的社会探索整合成一些可行的建议。重要的是，对于不同的品牌以及品牌遇到的不同问题，这些一般准则需要根据实际情况做出调整。适合康卡斯特的东西可能不适用于精品珠宝店，反之同理。一位与笔者共事的策划曾经说过，如果你采取的策略，另一个品牌不用更改也能使用，那么这样的策略并不能打造一个好的品牌。正如我和所有客户说的那样，伟大的营销始于倾听，不同品牌会听到不同的内容。

倾听对于建立一个在社交媒体中有所见地的品牌至关重要

倾听是创造伟大的营销和社交媒体战略的基石之一。在这本书中，我将不同的社交网络和社区描述为生态系统、模因池和文化。我们应该这样看待社交网络及其文化。倾听很重要，原因如下：在最传统的意义上，倾听是我们从顾客以及非顾客那里获得反馈的方式。我们倾听他们想要什么，也倾听他们对我们的产品和信息的反应。但真正的倾听也意味着理解。倾听可以帮助我们弄清楚哪个渠道将带来最大的价值，以及我们应该如何在这些渠道中与受众进行互动。倾听使我们能够在这些网络文化中像个土著，或者，至少是个有责任心的游客。这总比成为外来入侵者要好。通过倾听，我们很可能会在互联网上找到重要的信息，除非我们的品牌刚发布并且自成一类。

这里有一个问题，它与我们左脑所表现出的集中注意力有关。当我们专注于某件事时，我们会忽略一堆其他的事情。这就是"看不见的猩猩"等实验背后的原理。如果你还不清楚，心理学家克里斯托弗·查布里斯（Christopher Chabris）和丹尼尔·西蒙斯（Daniel Simons）开创了一个实验，让参与者观看两支球队来回传球的视频。参与者被要求计算传球的次数。虽然很多人确实数对了传球次数，但只有大约一半的参与者会注意到，视频中一个穿着全套大猩猩服装的人在球员之间走来走去，还捶打着自己的胸膛，最后漫不经心地离开了的画面。

　　"看不见的猩猩"实验从此成为"非注意盲视"的代名词——当我们把注意力集中在一组刺激上时，我们常常会对其他刺激视而不见。与此相关的是，我们还必须小心避免落入"回声式效应"的"证实倾向"陷阱中，在这种陷阱中，我们只寻求能够支持我们原有信念的证据。作为营销人员，非注意盲视和证实偏差困扰着我们的行业。这就是为什么我们年复一年地坐在同一个老旧的"洞察力"椅子上纳闷，为什么我们的创意产出不是新颖的；也是为什么品牌花费了数百万美元，用时数月，结果做出来的广告非常差劲。例如百事可乐的"反对声是愚蠢的，快来和肯达尔·詹娜（Kendall Jenner）一起喝苏打水吧"或 Peloton[①] 的"我的丈夫出乎意料地给我买了健身车，羞辱我的身体，所以我给他做了一部自拍纪录片"。如果我们对最终结果有着先入之见，而后开始了创作过程，那我们的观点就是片面的，创作也会失败。

　　真正的倾听更像是一种右脑行为而不是左脑行为。我们的左脑会把仅有的注意力集中在特定的事物上，将其从背景中抽离出来，而右脑则通过更广泛的视角来解释世界。右脑，最初用于察觉捕食者，将世界原原本本地呈现在我们眼前，并形成了一个更完整的、情境化的世界图景。当我们直接转入左脑"倾听"时，我们基本上处于一种模式识别的状态中。我们对自己想要找到的东西有一些先入之见，当找到匹配的东西时，先入之见会更加固化。虽然我们当然需要左脑的技能来专注于特定点并进行分析，但我们也需要右脑的空间意识来初步建立大局。很多时候，当我

---

① Peloton，美国互动健身平台——译者注

们进行社交网络倾听的时候，我们报告的是那些正确的事情，而非全面的、真实的图景。这并不奇怪，因为大多数社交媒体团队的运作都受到严格控制。很多品牌一看到微弱的抵制迹象，就会迅速拉高社交媒体预算。但全貌——好的、坏的、丑陋的——对于品牌保持与用户的联系，并保持品牌自知至关重要。

倾听过程应该在我们确定社交网络优先级前就开始。理想情况下，我们可以使用功能强大的社交网络倾听工具，例如Radian6、Sysomos、Brandwatch 或其他可以帮助我们分析社交媒体趋势，了解人们如何谈论我们的品牌和类别，以及密切关注我们的竞争对手的平台。功能较为强大的社交网络倾听平台例如Radian6、Sysomos，通常会根据品牌提供的、需要监控的特定关键词的数量向品牌收费。这意味着它们可能会变得很昂贵，尤其是对于更广泛的倾听而言。这些工具往往对用户有机足迹较广且对话量大的品牌来说更有用。对于较小的品牌和初创公司而言，社交网络倾听可以是一项有机的任务，使用谷歌分析（Google Analytics）、脸书洞察（Facebook Insights）、推特面板（Tweet Deck）以及其他平台自带的免费的探索工具就足够了。

由于社交媒体网站（尤其是自我超我和超我网络）往往预测内容推荐和用户行为，因此作为一个平台用户，找到一个真正不可知的观点是很难的。通过使用社交网络倾听工具，我们可以鸟瞰社交媒体，这是一个平台中的用户所无法拥有的视角。但即使是简单的社交网络倾听行为，例如搜索自己的品牌名称和品牌类别相关的关键字以及有其他竞争力的品牌名称，一样也可以为我们提供很多思路。因为在大多数社交网络中，品牌账号里的内容是面向所有人的，它们用和对待用户一样的方式对待其他品牌，所以使用平台自带的功能可以帮助我们倾听。举个例子，如果我们建立了一个新的品牌推特账号，我们应该去关注我们领域的影响者以及竞争品牌，监控和我们行业相关的话题标签，并试着理解它们之间的关系，从而为我们未来可能参与的对话类型提供思路。

虽然社交倾听工具可以成为分析这些信息的有力方法，但它们自动生成的报告以及漂亮的图表可能会导致我们的分析与现实之间存在差距。尽管它们确实很有用，但重要的是，我们要记住，我们希望吸引的用户中没有一个人是用这种方式看待社交媒体的。出于这个原因，我常常鼓励我的团队以及客户在社交平台上直接发帖并与平台用户互动，而不是使用自动发帖工具。一次性把一个月的内容安排好让机器去发布，这样很容易会让自己变得懒惰。我们应尽可能地努力，用和其他用户一样的方式参与社交网络。

聆听应该发生在社交媒体渠道选择的初始阶段，一直到最后评估品牌发布的内容中有哪些最能引起人们共鸣。为了推动用户参与，品牌需要选择它的内容有可能引起共鸣的渠道。例如 Goop 不会在红迪网上吸引到很多粉丝，而《使命召唤》(Call of Duty) 最新版本"纳粹僵尸"可能不会在拼趣上走火。我们不光需要找到可以代表品牌的内容，还需要找到能使此类内容蓬勃发展的社交网络。这样做，我们不仅可以找到品牌模因可以融入的模因池，还可以通过学习别的模因的格式、声音、语气和文化规范，从而学会创建有趣、自然的内容。

在我们感兴趣的社交网络上，哪些社区、影响者、网页和内容聚集者有助于带来自然追随者？如果我们是和时尚相关的品牌，那拼趣和照片墙很可能是我们会优先选择的社交渠道。如果品牌产品很复杂，或者品牌的内容策略依赖于深度探索，那我们应该关注红迪网、Twitch、Imgur、汤博乐以及果壳问答网站①（Quora）等社交网络，甚至还可以去关注一些和品牌的领域相关的、基于兴趣建立的小论坛。当我们已经知道自己目标受众的人口统计学特征——或者付费推广和漏斗式目标可以为我们带来成功时——那更成熟的广告网络，如脸书和谷歌，可能是我们的首选

在模因和模因机器层面上，倾听也是非常重要的。如果我们对自己想要传达的信息以及想扩散的内容已经有了一定的规划，那我们应当密切关注能够最好地传播此信息或内容的模因机器。在这个社交网络中病毒式传播的内容都有哪些共同特征？我们的目标是从社交网络环境中提取出模因机器，然后将自己的模因注入其中，从而表达我们的想法，使其发挥最大效用。当我们发布了模因机器之后，它们可能会落入熟悉的帕累托分布——80%的结果可能是由 20% 的内容带来的。

绩效评估是倾听的另一种重要形式。关于我们发布的内容，我们能从观众那里听到些什么？我并不单单是指整合帖子的评论，我已经为多个品牌担任了几年以上的社区营销经理，可以说，没有什么比阅读品牌帖子底下的评论能让你更快失去对人性的希望的了。大多数拥有成熟广告平台的社交网络都为我们提供了关于品牌创意内容的强大的、可导出的分析报告。不幸的是，大多数品牌都没有好好利用这些报告。

---

① 果壳问答网站，类似于中国的知乎——译者注

想象一下，在社交网络上发布了品牌的创意内容一个月后，我们的用户参与率达到了1.5%。如果我们从之前发布的内容中不断学习，每个月都发布一批新的创意，然后每月仅使用户参与率提高5%，那么到今年年底，品牌的整体用户参与率几乎将翻倍。渐进式学习是社交网络创意过程非常重要的一部分，仅仅把这个任务委托给数据分析师是远不够的。截取数据的方法太多了。长文案是否比短文案更有效？某一个创意是否引发了某个特定人群非常好的共鸣？暖色调会不会比冷色调效果更好？某个内容核心是否比其他的内容核心更好？文案撰稿人、艺术总监、媒体策划人、社区经理和策划都能找到不同的方法来截取数据（如果他们足够卖力的话）。（也许）艾萨克·阿西莫夫（Isaac Asimov）曾说过："在科学界，最激动人心的、预示着新发现的短语，不是'找到了！'（Eureka!），而是'这很有趣。'"

对创意内容的绩效评估不必很复杂。在我的团队中，绩效评估会议的形式往往是随意的，几乎像头脑风暴一样。每次会议上，数据分析师都会对上个月的创意内容进行简单回顾。每个帖子的截图旁都附有一两个关键指标——真实参与率、转发率、讨论率等任何我们认为的优先绩效指标。然后，所有的内容展示在白板上，我们团队只是讨论。哪些内容表现得不错？哪些一般？哪些内容的结果令人惊讶？谁对此有什么理论可以解释吗？

以下是我们会议中总结出的一些经验教训：

• 当帖子中附带文案，图片有上下文背景，即模因机器完全处于密封保护下时，帖子产生了46倍的转发数。

• 如果食谱以及手工内容包含了"过程镜头"，那它比只有成果的静态图像内容更能激发用户参与。

- 自然摄影图如果伴有一句话或一段个人故事，它往往会激发更多的用户参与。

- 互补的配色方案往往会吸引人们更多的注意力，并得到更多的回应。

- 静态图像和动图往往会比视频产生更大的影响力。

- 可爱的动物胜过一切。

最后一个是常识，但希望以上我提到的经验教训，可以帮助更多社交媒体创意团队找到持续改进的方法。

传统的创意绩效报告就像一具尸体，很难应用到实际中去，因为它们很少从实际制作内容的人的角度来看待问题。更多的时候，绩效指标被用作向客户或利益相关者证明价值的筹码。当绩效评估成为创意过程的一个积极部分时，我们创意团队的洞察力与学习能力会变得有活力起来。此外，它使创意变得更加有趣。我们都知道，当我们在个人社交媒体上发布的内容得到关注时，我们就会开始分泌多巴胺。如果我们能让整个创意团队对成功的评价保持一致，那品牌帖子爆火时，我们都将感受到多巴胺的涌动。

当我们获得一个新的学习内容时，把这个学习内容编入一个"活的"文档中是很重要的。每个月把数据丢到共享的文档中是不够的，不要这么做。过去的学习内容应该成为每轮社会创意简报的一部分。虽然资深的团队成员可能会觉得这种做法是多余的，但保持一套针对品牌的最佳实践方案可以让我们避免再犯之前犯过的错误。这也有助于团队新成员的融入。而且，当团队对于营销风格和方向存在分歧时，这套方案可以提供一个公正的第三方参考。将我们的团队根植于以民主方式获得的、有数据支持的学习中，可以最大限度地减少成员们自我间的冲突，并有助于让不同的知识服务于同一目标。如果你曾经在广告公司工作过，你就会知道，尽量减少自我间的冲突是成功的一半。

尽可能多地选择渠道，并指定不同渠道的不同角色

当一个新的社交网络开始流行时，几乎每个品牌的营销组织内部都会出现这样的对话。我们应该加入这个平台吗？我们在该平台上应该如何表现？实习生乔尼还能再负担一个网站吗？他现在只处理7个网络平台的内容，所以，他应该可以吧？我在脸书、推特、照片墙、拼趣、Vine、汤博乐和可怜的谷歌＋上都看到了这样的情况。然后，当笔者在2016年加入红迪网时也看到品牌之间进行了一样的对话，这个时间刚好差不多是品牌们开始采用色拉布的时间。看到一个又一个品牌往色拉布（一个最初是为安全地发送裸照而设计的应用程序）投入资金时，笔者对自己的天真有了另一个层次的认识，同时听说品牌商们对红迪网有"安全"上的顾虑。当然，这么多年过去了，许多大品牌商已经打消了对红迪网的顾虑，也取得了很多成果。但最让人惊讶的是品牌商们没有战略依据，就选择加入色拉布平台的做法。

加入一个新的社交网络对品牌来说，是非常重要的一步，需要深思熟虑并严谨规划。不要误解，色拉布是某些品牌的战略性渠道。可以创造性地利用滤镜和"增强现实"体验的品牌，以及品牌内容特别适合使用极短视频形式的品牌都非常适合在该平台推广。但对于想要努力提高影响力、融入文化并建立有价值的追

随着群体的品牌来说，选择色拉布是一场艰苦的战斗。

对新兴渠道的炒作似乎会使我们的战略线路短路。当《广告时代》（*Ad Age*）发表文章赞扬某品牌较早地采用了新兴渠道获得成功时，许多品牌都开始形成同样的倾向。追求"早期采用者"地位的战斗几乎总是失败的，除非品牌在执行时充分考虑了渠道对品牌的中长期影响。这个新渠道可以允许我们做的什么事是已有渠道无法做到的？我们将会如何评估对新渠道参与的成功或失败？有多少资源和预算可供我们分配？

即使是年轻品牌，也会倾向于使用广泛的社交媒体渠道宣传自己。对于没有庞大资源的小品牌来说，这种方式不但会消耗资源，而且几乎可以保证，它带来的影响是不高的。当我们创建的内容试图吸引每个渠道，最终我们可能只能获得每个渠道的最低公分母。相反，将自己完全地投入一两个渠道会使品牌看起来更加人性化，品牌能够通过有意义的方式和观众互动，并且能从社交媒体中收获自己想要的东西。

在品牌建设中，我们在战略规划和现实世界行为之间走着钢丝。传统机构的品牌建设者经常感叹，每个品牌决策背后的对话是那么的冗长而又详尽。改变这个颜色的色调对我们品牌意味着什么？如果我们把包装上的这个词替换掉怎么样？我们可以把品牌标志向上移动四个像素吗？而社交媒体促使品牌更快地思考，迫使他们中止冗长的决策会议，因为当品牌的委员会小组就这条推文的确切语言达成一致时，品牌希望参与的热门话题标签已经被人忘记了。在宏观层面上，这对我们的行业来说是一件好事。它放松了牵扯着品牌的缰绳。但是，过度采用这种"先行动，后提问"的方法也存在风险。

2011 年，企业家埃里克·莱斯（Eric Ries）写了一本名为《精益创业》（*The Lean Startup*）的著作，这本书是革命性的，尤其对于科技领域而言。该书的基本前提是，公司，尤其是初创公司，应该改变他们创造和推出产品的方法。莱斯高明地指出大多数大公司创造和发展产品的漫长过程往往是浪费的且不必要的。很多时候，公司会花费数周、数月甚至数年的时间来开发一种产品，并在该产品完成后，才会将其介绍给潜在客户。那么，如果客户想要稍微不同的东西怎么办？如果能早点听到客户的反馈，并在产品创造阶段就做出调整，以便客户获得他们真正需要的东西，那会怎么样呢？

莱斯提出的解决方案是围绕最小化可行产品展开的。莱斯建议向用户提供最小化可行产品，以在整个开发过程中不断获得反馈，而不是直接把成品丢给用户。通过推出最小化可行产品，品牌可以最大限度地减少在开发过程中对时间和资源的浪费，同时也允许客户们可以跟踪品牌产品的发展状况。从一个诞生于车库的初创公司到财富 500 强公司，莱斯用自己的例子为"精益创业法"提供了强有力的案例。

精益创业思维的内核也可以运用于社交媒体思维，因为社交网络和硅谷存在很多共同点。在许多方面，莱斯的方法对于在电视广告时代停滞不前、极度保守的品牌建设过程来说，是一味解毒剂。虽然我们可以而且应当使用莱斯的"构建—检测—学习"策略，但我们依然可以从那些较为保守的品牌前辈身上汲取重要的经验教训。如果产品对客户而言有足够的价值，那么客户们就有可能会忍受产品的不完美之处。但品牌不能有这样的想法。第一印象对于品牌来说非常重要。

从确定要参与哪些社交网络，到思考怎么优化内容，我们需要考虑我们给人们的完整印象。如果品牌过度分散于太多渠道，那么很有可能品牌在每个平台发布的内容都是浅薄的，得到的参与也更寡淡。在许多情况下，半主动式的存在比根本不存在还要糟糕。如果一个小型时尚品牌懒洋洋地在10个不同的社交平台上发布相同的产品照片，它不太可能给人留下它想要给别人留下的印象，当然，也不太可能动摇别人的看法。如果品牌照片墙账号的每个帖子参与量都很少，那么对于想把自己和品牌联系起来作为一种自我表达形式的用户来说，这并不是一个好兆头。

我也希望下一段内容可以告诉你，"这就是你的品牌应该使用的正确社交渠道！"我甚至会使用感叹号，这样我们彼此都会感到特别兴奋，但我不能这么做。适合每个品牌的渠道以及策略都不同。当我们试着为自己的品牌回答这个问题时，我们应该首先问问自己品牌想要达到什么目的。品牌是想和流行文化联系起来吗？还是说想要建立一个社区？还是只在一个非品牌管理的社区中发声就可以了？品牌是把漏斗模型底端的销售指标作为衡量成功的标准，还是想先确立漏斗模型顶端的知名度和亲和力？我的建议是多选择一些渠道，并为每个渠道定下具体的目标。这些目标有时可能会重叠，但如果它们重叠了，品牌应该用强有力的理由来解释为什么不合并这些渠道。

这个建议有个例外，即蹲守。有时，蹲守于那些可能被误认为是品牌官方的账号或网页旁是一种有价值的防御策略。它可以防止用户使用假冒账号来欺骗我们，同时也向用户证明至少我们品牌知道该平台。我们并不一定要为每个我们注册了账号的平台制定并执行完整的品牌内容和用户参与策略，但不论我们做什么，都需要让人们感到我们是用心的。蹲守渠道中账号的外观应与品牌保持一致。比如，我们已经在某渠道中建立了账号，在将账号打造得看起来就属于我们品牌之后，如果我们不打算利用该渠道来吸引用户，这时我们只需要让人们明白这一点。一点简单信息就足够了："你好呀，感谢你找到我们！如果你想与我们取得联系的话，可以在推特上搜索 @ 猫咪按摩所（@TheCatMassageInstitute）以找到我们，或通过官网直接联系我们。"

当我们选择加入某个社交网络平台时，我们的存在应该体现我们的品牌期望成为什么。这不仅仅意味着要从品牌的角度创建内容，这还意味着我们是积极的、参与的和投入的。虽然在社交网络广泛地留下足迹肯定有好处，但品牌最好在一两个社交网络平台中表现得很杰出，而不是在一堆平台里都表现平平。在决定我们的首选社交网络时，该渠道应是我们想要的多种因素的集合。首先，它能否完成我们需要达到的目标？第二，那里的人会关心我们品牌的信息吗？第三，我们是否有足够的资源来确保我们在该渠道上的表现，不会辜负我们正在塑造的品牌？

表现出能吸引右脑的行为，然后向左脑讲述这些行为的故事

在前文中，我们研究了右脑视角的各个方面，它的特点是：具有即时体验的存在、大局思维和探索未知，如何和匿名的本我网络中的行为相对应。同样，左脑视角的特点是：对世界的表征，清楚的分类以及专注于它能够识别的工具的效用，和自我网

络以及超我网络相对应。在这些网络中，人们表达着自己的各个方面。当品牌考虑自己应该在哪些社交网络上产生最大的影响力时，他们应该注意如何在这两种网络表达模式之间取得平衡。

正如我们所料，左脑网络中往往有更明确的通道供用户之间互动。这些自我网络和超我网络也拥有更发达的付费推广工具。脸书、照片墙和推特是该行业有史以来最发达的广告平台之一。一般来说，左脑网络通常组织得更加严谨，它们有更多的平台强制规则，而且用户参与模式往往更为程式化。在脸书上，我们可以发帖，评论其他帖子并给相互关注的人留言。而在红迪网上，我们可以自由地参与超过 10 万个基于兴趣建立的社区，每个社区都有自己的规则和文化，用户参与模式也更加开放。在品牌和人之间的互动方面，右脑网络的可预测性往往较低。这可能是一个挑战，也可能是一个能够让品牌脱颖而出的机会。

像脸书和照片墙这样的左脑平台对其广告客户的资料以及这些资料能够覆盖多少人有着严格的控制。他们的算法是集中的且不透明的，用户不清楚帖子是如何进入自己的动态推送中的。由于付费推广是围绕单个用户的动态推送展开的，所以左脑平台往往面临一个问题，它们需要平衡内容以保持用户参与度。广告内容过多可能会使用户疏远自己的平台，而广告内容过少则可能导致广告客户的流失。如果不选择付费推广，品牌想在这些平台上获得影响力是极其困难的，因为这些平台本身会将大多数有机广告商的内容屏蔽于用户推送之外。内容不依靠付费推广便覆盖较多的用户相当于在从脸书的口袋里偷钱。所以近年来品牌的有机覆盖率一直在稳步下降，这也不足为奇了。

对于挑战者品牌以及那些努力在社交网络中产生有机影响的

品牌来说，投资本我网络活动具有更大的潜在回报。在功能上，即使像红迪网这样更发达的本我网络，对付费广告商活动和有机广告商活动也有很明确的区分。这在很大程度上取决于网络本身的结构——单独的用户页面不是目的地，社区才是。因为社区在内容选择方面，比左脑网络的不透明算法发挥了更大的作用，所以作为品牌，我们有一条更清晰的成功之路。我们必须赢得社区的支持，而不是平台本身的支持。

当红迪网上的社区集体认同我们发布的内容有价值时，红迪网平台会像对待任何其他普通用户一样对待我们的帖子。当有机帖子出现在红迪网的首页时，其产生的影响可以与大型媒体购买①相媲美。根据红迪网的报告，红迪网在2019年平均每月有4.3亿活跃用户，由于在该平台中，社区策略优先于单独用户策略，所以精明的品牌会很有动力推动大量的有机覆盖和用户参与。

虽然右脑网络确实有更大的潜力推动品牌内容的病毒式传播以及口碑趋势，但总体而言，有机活动比付费推广更难预测。对于大多数品牌来说，最优的渠道策略需要在左右脑网络之间达到平衡。品牌在左右脑网络上需要采用不同的方法，但这并不意味着品牌不能建立一个让二者协同作用的策略。人们的右脑负责体验这个世界，而左脑则负责以讲故事、创造身份以及为未来的自己储存知识等方式来表达这些体验。同样，作为品牌，我们应该努力为右脑提供有意义的体验，然后向左脑讲述关于这些体验的故事。

---

① 媒体购买，指广告主在有影响力的媒体上购买广告位，放置自己的广告。——译者注

假设我们是猫咪按摩所的营销团队，想象一下我们决定将品牌的专利产品——猫咪按摩器——赠送给最近养的猫咪在某些部位受伤了的主人，比如舌头撕裂、肌肉撕裂等。不论如何，我们通过红迪网将品牌的猫咪按摩器™赠送给了一些人，这就是为用户提供体验的行为。希望这些人对品牌有更积极的印象，并能够向红迪网社区的其他人讲述这个故事。只要有一个人在"问问兽医"社区（r/AskVet）发帖，那我们会成为这个超过66000人的社区中的头条。太好了！虽然即使我们接触到了这66000人中的每一个人，这个数字都甚至没有一个小型媒体购买带来的覆盖人数多。但现在我们有一个故事要讲。

也许我们的公关团队会发布一个关于"在红迪网上接受特殊按摩的5只受伤的猫"的故事（我会点进这个标题的）。或许，我们会创建自己的文章或专辑，命名为"红迪网上需要按摩的5只猫"。我真的很会起诱导性标题，但希望你明白这一点——行为是品牌向世界表达自己的基础。为了最大限度地发挥这些行为的影响，我们必须要在它们与代表品牌的故事之间取得平衡，使之适合与广大受众进行互动。

一般来说，右脑网络往往是一个这些行为能够更好表现的舞台，而品牌描述的故事应该适合于左脑网络。但这种赠品策略也适用于推特或照片墙。我们选择用以表现行为和讲述故事的策略和渠道，可能会根据该行为和故事最能引起共鸣的地方而波动。欧仕派（Old Spice）在2018年采用的营销花招中做到了这一点，绝对没有人曾料想到——欧仕派为《龙与地下城》（*Dungeons and Dragons*）的玩家创建了一个新的角色类别。

欧仕派认识到了点燃粉丝群体带来的力量，即使从表面上看，这个粉丝群体似乎太小而不能保证参与度。《龙与地下城》是一款深受全球网民喜爱的桌上角色扮演奇幻游戏（tabletop role-playing fantasy game）。在开始一场新的《龙与地下城》游戏时，玩家会根据不同的"职业"或类型来创建角色。野蛮人擅长近战，牧师会使用神圣的魔法，吟游诗人……好吧，吟游诗人会演奏奇妙的音乐。吟游诗人是傻瓜中的傻瓜。这真的是品牌的首创，欧仕派创建了一个新的职业——绅士（The Gentleman）。绅士［或淑女（The Gentlewoman）］不只是一个愚蠢的角色，"如果……不是很有趣。"一个角色的左脑表示。这是一个完全可玩的角色，它有角色传说、角色技能和角色卡，看起来感觉就像是传统《龙与地下城》书中原有的东西。

　　绅士和其他角色一样，会在升级过程中获得特殊能力。欧仕派冒昧地创造了一些技能，这些技能是对其品牌的滑稽表达，但在《龙与地下城》中却得到了实际应用。绅士最开始拥有一个名为"妙语"（Punchline）的技能，特点是"用幽默的短语来迷惑敌人"。达到了5级后，绅士会获得了一个名为"我在马上"（I'm on a Horse）的技能，角色只要说："'我在马上'，然后一匹马会出现在他的身下。"是的，这个技能引用了欧仕派自己的广告。

　　虽然欧仕派在推特上发布了绅士职业，欧仕派一直在推特上投入巨额社交媒体营销预算。但欧仕派的团队也参与了红迪网，让各个龙与地下城社区的用户注意到他们发布的内容。超过20个关于绅士的有机帖子在不同的红迪网社区中出现，这看起来可能并不多，但有时仅仅需要相关社区的一篇帖子，就足以点燃粉丝群。欧仕派登顶了龙与地下城社区（r/DnD）以及冒险之路社区（r/Pathfinder_RPG）等社区，这两个社区都是极具影响力的奇幻游戏社区。来自这些社区的好评推动了 The Nerdist 网站、The Gamer 网站、Comicbook.com 以及其他很多与游戏或者《龙与地下城》相关的出版物的报道浪潮，称《龙与地下城》玩家非常欢迎绅士这个角色。

如果欧仕派只是简单地表达了绅士这个角色——只在推特上发布了该角色职业大概的外观模型，或是在推特上问："如果我们创造了一个《龙与地下城》的新角色，他会是什么样的？"他产生的媒体覆盖范围可能会很小。欧仕派没有这么做，因为他明白这项营销花招想要取得成功，就需要得到真正的粉丝群体的认可。如果《龙与地下城》的相关社区不接受绅士这个角色，那也不会有如滚雪球一般的媒体报道。

一位玩家在龙与地下城社区中写道："他们这样不遗余力地来接触社区真的挺好……老实说，这是我见过的最好的商业广告。"另一位回答说："疯狂的是它甚至没有一半差。我在《被发掘的奥秘》（Arcana）里看到了更多不平衡的选项。让我印象深刻。"绅士以其角色深度、技能和实操性赢得了右脑网络用户的青睐。而左脑能够将行为抽象为一个可消费的故事，所以欧仕派营销活动覆盖的群体从"《龙与地下城》的玩家"扩大到了"对《龙与地下城》有点了解的人"。故事由此传播到了自我和超我网络。如果我看到这个故事，我可以在脸书上和高中时玩《龙与地下城》的朋友讨论，或者我可以在推特上开玩笑说愚蠢的《龙与地下城》玩家终于用上了香水。

只要有可能，品牌应该努力在对人们的生活有切实影响的真实行为（右脑）和以大众普遍感兴趣的讲故事方式（左脑）之间找到协同作用。这么做，品牌不仅能创造有效的社交媒体内容，还能最大限度地发挥其所作所为的影响力。欧仕派通过在红迪网上制作书呆子们喜欢的东西，最终在推特和脸书上产生了数千次用户分享。为了使品牌的右脑行为能够成功地吸引人们，这些行为和人们的关联方式必须是真实且有形的。如果没有这种真正的关联，品牌的故事就会显得肤浅且做作。让内容受欢迎的秘方并不是什么秘密，只是很难。我们必须给人们一个喜欢我们品牌的理由。

从最具竞争力的内容环境中开始你的创作过程

20世纪30年代澳大利亚的甘蔗种植者们经历了一段艰难的时期。他们种的甘蔗总是被蔗龟吃掉，为了尽快遏制虫害，他们进口了大约100只南美蔗蟾。的确，蔗蟾解决了蔗龟问题，但其他问题发生了。今天，澳大利亚有超过15亿只蔗蟾，它们征服了超过386000平方英里（1平方英里=2.59平方千米）的土地。蔗蟾被生物学家称为"入侵物种"的教科书式的示例。

大多数生态系统在相对封闭的状态中不断发展，没有遭遇过外来物种的迅猛入侵。这意味着掠食者和被捕食者处于持续的进化竞赛中，使生态系统保持在相对平衡的状态。从广义上说，这是一个环境稳定的系统。当一种植物或一种动物在一个生态系统中进化发展，然后被引入至另一个生态系统中时，它常常无法繁衍，因为它还没能进化到适应新的气候环境，并与其他生命形式共存的程度。但有时，像蔗蟾等入侵物种主宰了原本平衡的生态系统。入侵物种有几个和模因非常相关的特征。入侵物种往往容易繁衍且经常繁殖，还倾向于从竞争激烈的环境转入竞争较弱的环境。但情况并非总是如此，有时入侵物种会横向移动到竞争水平大致相同的环境中。举个例子，一种对气候敏感的花卉物种不太可能入侵阿拉伯沙漠。

模因遵循类似的模式。侵入性模因是在竞争性较强的模因池中形成的模因，比竞争性较弱的模因池中的模因具有进化优势，就像蔗蟾一样。所以，品牌应从最具竞争力的模因池中提取出自己最成功的模因，并允许它们入侵竞争较弱的模因池。

对于一些主流品牌来说，社交媒体通常是它们在策划内容和构建信息传递层次时最后才会考虑的因素。但社交网络也是品牌信息竞争中最具竞争力的模因池。我们现在总是看到电视节目会从社交媒体中借用内容。新闻节目和早间节目现在也经常依托社交媒体来表明现在什么东西流行，补充对现场活动的看法以及参考模因和趋势——当不爽猫（Grumpy Cat）在红迪网爆火之后，她接受了早安美国（Good Morning America）、澳大利亚的今日秀（TODAY Show），甚至福布斯（Forbes）的"采访"。互联网作为上游向媒体流入内容，但由于某些原因，大多数大品牌的广告还是围绕着电视和传统媒体展开。

品牌在社交媒体上测试他们的新想法是相对容易的。社交网络让品牌得以在打磨内容方面变得不那么小心翼翼，有时稍微粗糙一些的内容实际上效果更好。当品牌计划一项重大活动时，社交网络应该活动的是第一站，而不是最后一站。当品牌想要测试新的广告系列、概念、有趣的短剧、产品演示等时，社交媒体为他们提供了一种简单的方式来接收他们想要的任何规模的坦诚反馈。

即使在传统的创作过程中，我们尝试的大多数模因都无法生存。我们通过评估自己的想法，根据特定标准来挑选这些模因。这个模因能够多有效地传达品牌的价值？它能解决品牌面临的商业问题吗？当我们剔除掉那些不符合最基本标准的想法后，我们开始代表自己的受众做出风格选择和价值判断。这个概念会引起人们的注意吗？我们对受众经历的了解是真实的吗？他们会觉得这个概念好吗？虽然一些广告商已经非常擅长预测这些问题的答案，但我们仍想进行有根据的猜测。难道我们不想让受众做出一些提示，告诉我们他们认为哪些概念最有趣、最有价值吗？

还有一种品牌创意方式是众包，我并不是很建议使用这种方法。大多数时候，众包是达到最低成功标准的另一种方法。重要的是，我们在开始任何创意活动前，都要有一个完善的战略来框定我们的内容输出。但是，当我们有大量机会可以直接从观众那里得到反馈时，我们本能地会选择这种方式。

在传统广告公司的创意过程中，首先是广泛的头脑风暴产生大量想法。然后，一个创意团队，通常由文案和艺术总监组成，会开启令人沮丧的提交—拒绝之路，直到创意团队的负责人终于对概念感到满意（还有媒体账号负责人、策划负责人，一些随机的、不知道哪来的、莫名其妙处于创意反馈流程中的副总裁）。最后，这些概念被呈现给客户，客户认为关于该创意，他们需要大量的反馈，毕竟他们付给了广告公司很多钱。所以如此反复修改后，终于，创意进入了生产阶段。

因为之前的整个过程非常痛苦，并且每一个细节都得到了批准，所以剧本成为圣经，没有即兴创作的空间——你知道的，缺乏这些东西会让视频令人感觉过于脚本化和做作。广告最终设定为 60 秒、30 秒和 15 秒的格式发布，但令人讨厌的创意团队要求

6 秒的版本，至少这样，创意团队可以在他们的回顾幻灯片上加上"30% 的完整观看率"，毕竟视频在推送中会自动播放 2 秒多。

尽管经过了这么严密冗长的流程，付出了大量的时间、资源和金钱，但我们从未问过观众的意见。在整个过程中，我们产生了数百甚至数千个想法，并剔除大部分想法。为什么我们的观众不能帮助我们决定哪些想法该继续，而哪些该舍弃？如果你想到了"创造性的自我"，一针见血！不过，这只是一个理念。与其直接进行全面的制作，不如找到最简单、最直接的方式来传达我们的概念，并在社交渠道上向小范围的观众推广它。如果我们决定要拍摄一个关于人们对我们产品的喜爱程度的真实情况，我们可以创建一些叠加了引语的静态图像，看看人们的反应。如果我们想展示一个有趣的生活小窍门或产品的使用方式，我们可以使用一些简单的手机摄影来传达这个概念。如果我们要在几个笑话中选一个作为电视广告的开场白，我们可以拍摄一些低成本制作的谈话视频，看看哪个笑话最能引起人们共鸣。

轻量级、低成本的内容不仅使品牌更加人性化，让观众也能投入创作过程中，而且还能够让品牌在真实、竞争激烈的环境中测试各种模因的可行性。当我们创造了一个 30 秒的电视广告（鱼缸），并试图将这个创作发布到互联网（海洋）中时，我们可怜的创意很可能会立即被吞没，或是与 11 岁儿童的《我的世界》（Minecraft）游戏频道以及每日化学阴谋论视频博主一起，悄悄地沉没于油管的深处。

没有什么比花 6 个月的时间制作一段视频，但在油管上只收获了 12 次观看和零评论更让人痛苦的了。哪怕是收获了观众的强烈抵制也是令人激动的。但事实是，绝大多数的品牌内容都发现自己处于冰冷而孤独的垃圾场里，因为这些东西不够有趣，不足以引起关注。把模因从实验室里带出来，让它出去跑一跑。在参加大型比赛之前，先把它带到障碍训练场，看看它的表现如何。

时效性可以是一种有效的手段，但它不是一种策略

自从奥利奥（Oreo）在 2013 年超级碗期间出现标志性的"黑暗中的扣篮"内容以来，该品牌一直在追逐实时互动，仿佛它是社交媒体中的圣杯。一些品牌甚至开启了"新闻编辑室"模式来创造内容——配备了电视监视器，屏幕上显示着其实根本没人会看的图表，社区经理搜索着趋势，疲惫的创意团队在甲板上匆匆完成有时效性但完全没意义的内容。毕竟，奥利奥就是这么做的。

奥利奥在比赛期间所做的不仅仅是购买了一个超级碗传统广告位。它还组建了一个社交媒体团队"作战室"，在整个比赛期间创建实时内容。当体育场停电时，社交媒体团队趁机大放光芒。他们创建了一条简单的推文，上面写着："断电了？没关系。"这条推文的特色是一张被黑暗包裹的奥利奥的图片，上面写着"你仍然可以在黑暗中扣篮"。这条推文产生了超过 14000 次转发和近 7000 个赞。关于超级碗广告的报道对这条推文评价很高，《赫芬顿邮报》（Huffington Post）中一篇文章的第一行写道："周日超级碗比赛中最值得讨论的广告之一，甚至不是广告，它只是奥利奥在停电期发布的一条推文。"

虽然该内容表现得很出色且广受好评，但"黑暗中的扣篮"成为许多大品牌的虚假偶像。一些品牌开始尝试这种一天 24 小时，一周 7 天的新闻编辑室风格的社交媒体策略，最后往往创造了大量具有时效性但最终影响力很低的内容。我自己团队中的一些成员为了应对产出的"时效性不够高"的反馈，放弃了原本完全有效的社交策略。奥利奥的成功还有一些重要因素，但往往被忽视了。首先，超级碗是一个难得的时刻，其覆盖面和知名度如此之广，以至于几乎所有美国人都知道正在发生什么。其次，人们对超级碗中广告的关注度不比对这项运动本身的关注少。虽然 14000 次转发和 7000 次点赞无疑证明了这是一条表现出色的推文，但如果该推文产生于一个不那么以广告商为中心的时刻，它是几乎不可能拥有如此多的媒体报道的。奥利奥之所以能够吸引广告专栏作家的注意力，因为作家们在为这一年一度的大型活动寻找新奇的角度——"今年最好的超级碗广告甚至不是广告！"

在我写这篇文章的大概一个月前，一位普通用户发布的视频登上了红迪网的首页，标题为"我希望我们今天仍然在做温蒂汉堡的培训视频中的事。"该视频不是一个恶作剧，就是一个正儿八经的培训视频，可能来自 20 世纪 80 年代。这个时间是互联网根据视频中"人被吸进电视中学习如何做汉堡包"的情节推理出的。这个帖子本身产生了超过 41000 次支持和 2000 条评论。我们很难找到任何一个品牌的广告能够以如此快的速度将大家对此的积极反馈登上红迪网的首页。

20 世纪 80 年代的培训视频虽然有些过时，但它有一些非常引人注目的东西。它是前一个时代的一个窗口。它也非常庸俗，让千禧一代在童年时被灌输可怕的信息娱乐。这段视频不适合娱乐大众，因此我们观看的时候就像躲在幕后偷看一样。这也不是一种"最近发现的录像"的情况。这段视频在 2018 年被一位名叫布莱恩·芬克（Brian Fink）的电台主持人在推特上推广，并被转发了几百次。几个月前，同样的视频登顶了某个红迪网社区，但它在走火的前几个月其实已经被分享在了另一个比较小的社区中。关键是，时效性只是与成功内容相关的广泛因素中的其中一个。这段温蒂汉堡的视频可能会出现在几天、几个月或几年之前或之后，而且它可能仍会产生同样的参与度。品牌努力创造的许多内容也是这样：一个具有时效性的帖子早晚会失去其热度，但有热度的帖子并不一定总具有时效性。

时效性对于某些特定类型的内容来说很重要。比如一些与事件相关的内容。用电视剧《办公室》（The Office）中角色吉姆·哈尔伯特（Jim Halpert）的话来说，"如果你没有看到现场，那你根本不会在乎你有没有看到过它。"创造实时内容确实可以帮助品牌脱颖而出，并且可以向用户发出信号，表明该品牌确实参与了对话。但是，大多数品牌在发布此类内容之前需要缩短规划流程并削弱强大的审批网络，这使得创建具有时效性的优质内容变得非常困难，除非复杂的内容创意过程与媒体推广战略同步进行，否则我们就是在网络算法面前孤注一掷。

在完全致力于创建高质量、高时效性的内容之前，大多数品牌应该先进入一个创造高质量的常青内容的节奏。如果某件事本身就很有趣、有用或是很具有娱乐性，那么互联网就不会太在意它是什么时候创建的。一个 1910 年的生活小窍门专辑在红迪网上获得了近 5000 个赞，在图片分享网 Imgur 上获得了超过 50 万的浏览量，仅仅是因为它们有趣且有用。有了正确的框架，优秀的内容在创建后很长一段时间仍将保持活力。消除比光速还快的周转带来的压力，专注于提高整体参与度也将磨砺我们的直觉，直到我们需要制作真正具有时间敏感的东西。如果在没有时间限制的情况下，我们都没能完成高参与的内容，那如果我们试图在紧迫的时间窗口里完成高质量的内容，只会徒增过程的复杂性和不确定性。

在某些情况下，时效性对社交媒体策略确实有重要意义，我也不是要贬低那些抓住了某些事件和趋势成功吸引人们的品牌。让创意流程较为精简的品牌——通常是那些没有冗长的审批流程的小品牌——加入实时对话中，可以帮助品牌与新的受众建立联系，并扩大其有机覆盖面。当某个事件与品牌的受众特别相关时，参与有机对话可以成为在品牌和事件本身之间建立联系的有效方式。尤其是在像推特这样的平台上，推特优先考虑的是时效性和促进更多实时对话，品牌利用时效性可以显著改善其认知度、亲和力和整体参与度。

虽然追求时效可以是一种有效的手段，但它必须被纳入更广泛的策略中，并在影响特别大的时刻加以利用。时效性本身并不是一种策略。在推特上发布热门话题标签的内容可以帮助我们产生更多的有机影响力，特别是对于新账号和新兴品牌来说，这可能是一种获得关注的有效方式。对于绝大多数社交媒体创意的发展而言，保持稳定的节奏，并通过分析过去的表现，专注于渐进式的改进，将带来更好的回报。一个伟大的创意策略能够让品牌为对话带去一个独特而有趣的视角。通常情况下，今天的好内容放在明天，依旧是好内容。

✐ 要点总结

- 社交网络倾听拥有绝对的重要性，它应该被视为任何品牌社交媒体战略的常驻部分。它应该发生在趋势、品类、品牌和内容本身的层面上。

- 选择尽可能多的社交媒体渠道，并使之得到良好的执行。在资源紧张的情况下，少即是多。一两个极好的品牌表现总是会胜过几个平庸的品牌表现。

- 尽可能地在左右脑策略之间创造协同作用。表现出能够加强品牌定位并与人们产生有意义的联系的行为（右脑），然后以吸引广大受众（左脑）的方式讲述关于这些行为的故事。

- 从最具竞争力的渠道开启创作过程。比起将电视内容引入社交媒体，在社交媒体上产生参与的内容更容易在电视上取得成功。

- 在更广泛的策略下，把时效性作为一种手段，但不要将实时内容作为社交媒体策略的全部承载。在投资大量资源开发实时内容之前，先努力创造能带来持续高参与度的常青内容。

第十一章

高效地展开一流的社交媒体活动

> 当人们杀死一头水牛时，他们怀着崇敬之心。他们感谢水牛的精神。他们利用了被他们杀死的水牛的每一部分。牛肉是他们的食物，牛皮被用来做衣服并覆盖他们的帐篷，牛毛被塞进枕头和鞍囊，牛筋做成弓弦，他们用牛蹄制作胶水，用膀胱和胃来运水。为了纪念水牛，他们给牛的头骨上色，并将其放置在向阳的地方。
>
> ——选自基奥瓦传说《水牛的逝去》

许多居住在美洲平原上的美洲原住民部落在狩猎到水牛时有一个共同做法：利用水牛的每一部分。这比我们通常认为的高效利用要高得多。这些部落不仅对能在一次狩猎之旅中杀死最多水牛的方法感兴趣，他们还找到了将水牛的每个部分都加以利用的方法。

社交媒体营销和狩猎水牛有异曲同工之妙。只是开个玩笑，事实并非如此。但这种观点对于将本书中的概念付诸实践来说非常重要。本书的大部分重点内容是在社交网络之间找到有意义的区别，虽然我认为理解这些细微区别对于良好的营销策略绝对是至关重要的，但细微的区别对品牌的可扩展性以及效率目标提出了挑战。品牌如何在可用的资源范围内，在实现规模化的同时，创建针对不同社交网络心态的活动？

在前面的章节中，我们讨论了不同模因池中的竞争——品牌发布内容在不同环境中争夺人们的注意力。在电视和印刷品等纯粹的付费媒体中，竞争更多在于品牌的媒体预算。但关于如何战略性且创造性地参与这些空间的问题仍然存在，但不论我们制作的商业广告是非常优秀还是十分糟糕，我们都可能通过媒体购买接触到相同数量的人。

而社交媒体并不完全是这样运作的。当我们创造出一段非常好的社交媒体广告时，它就有可能被分享、产生更大的影响力、更有效地利用品牌的媒体预算，并产生有机的吸引力。在某种程度上，这就是为什么我建议要颠覆传统的创意漏斗，把社交媒体作为顶端，从社交媒体开始。我们在社交媒体中收到的定性和定量的反馈可以帮助我们在更标准的媒体渠道中，磨砺品牌创意。这是一个利用之前往往被我们丢弃的水牛部位的例子。人们对我们的广告有何评论？收视率从哪里开始下降？哪个创意变体表现最好？这些信息的大部分之前都被我们丢弃了，或者它们最多会被包含在回顾报告中，这实际上和被丢弃没什么区别。

在这一章中，我们将把本书中的知识应用到一些理论上的广告活动中。我们的第一个模拟广告活动，将真正从零开始，创建一个全新的品牌——一个没有背景、历史、市场份额的新品牌。我们假设的新品牌所生产的产品是露营设备，拥有成熟的且长期存在的竞争对手。因为写这篇文章的时候我在旧金山湾区（Bay Area），让我给我们的帐篷品牌取一个时髦又科技的名字：Tent.ly。

案例 1：推出具有凝聚力但与众不同的 社交媒体战略的品牌

Tent.ly 生产的帐篷质量优秀，可与乐斯菲斯（The North Face）和安伊艾（REI）等大牌竞品相媲美，但由于 Tent.ly 不受实体店销售和大规模公司基础设施的约束，它能够以比大多数竞争对手低 20% 的价格出售帐篷。对于 Tent.ly 来说，这个产品类别已经很成熟了，使用情况也非常明显。作为一个品牌，Tent.ly 面对的第一个障碍是获得信誉。Tent.ly 还没有为露营者和徒步旅行者开发品牌相关的左脑区域。潜在客户对品牌没有共同的认识。公司外部没有人知道 Tent.ly 产品的性能如何，这对于一个销售高性能设备的品牌来说是个大问题。它的第一波客户将如何放心地进行购买？

为了提供一些初始的稳定性和可信度，Tent.ly 为其帐篷提供5 年保修。任何影响使用的产品缺陷，甚至磨损，品牌都会提供免费的维修服务。这样的保证是与新客户建立友好关系的有效方式。这是许多直接面向消费者的品牌会使用的策略。例如，独角兽（Casper）床垫提供 100 天的无风险试用；Away 旅行箱也提供100 天的无风险试用，并为损坏部件额外提供终身保修。尤其是对于新品牌来说，在大多数情况下，仅仅在价格上优于竞争对手是不够的。尤其是当竞争对手也开始玩同样的游戏时，这不仅会成为一场逐底竞争，消费者也会对该类别中价格最便宜的商品持怀疑态度。

为了在竞争中脱颖而出，Tent.ly 致力让人们在大自然中感受家的感觉。乐斯菲斯和安伊艾等品牌往往会使用极端条件下的励志形象，而 Tent.ly 则将自己定位为给户外活动带来舒适和家的感觉的品牌。它的内部定位是："Tent.ly 让各种水平的露营者都得以在世界自然美景中感受到家的感觉。"那现在的问题是，Tent.ly 如何兑现这一承诺？

在发展了自己的品牌个性以及品牌理念之后，Tent.ly 开始思考如何通过不同的营销渠道接触到潜在客户。Tent.ly 知道，它可以通过各种渠道接触露营爱好者及自然爱好者受众——通过热门露营地附近的户外广告、与自然和露营相关的电视节目、贸易展览、电子邮件营销、与露营相关的购物网站、各种社交媒体渠道等。由于 Tent.ly 的媒体资金有限，但它也需要提高品牌知名度，所以该品牌决定拆分其媒体预算：一半的预算将用于勤勤恳恳的漏斗式的战术，如付费搜索、程序化广告和点击付费的信息流广告；另一半预算将用于提高品牌知名度，并制作能在目标受众中引起轰动的广告。

由于 Tent.ly 的利益相关者们希望品牌尽快进入市场，所以该品牌首先使用一系列在不同环境背景中的产品照片启动了其漏斗式营销工作。虽然 Tent.ly 团队的一部分人觉得，开展漏斗式营销工作会破坏到时候真正的品牌发布，但该团队面临着来自投资者的压力，需要即刻开始进行销售活动。虽然作为营销人员，我们常常希望可以把自己的活动计划得从头到脚都显得优雅且具有战略意义，但我们必须记住，执行永远和计划有出入。

在任何品牌营销之前的销售数据，实质上都可以作为品牌活动启动后的参照线。如果团队可以证明，在品牌推广活动之前，点击付费搜索结果的人中有 1% 会购买产品，而在品牌推广活动投放市场后，这一数字攀升至 2%，这就有力地说明了品牌营销正在改变更广泛的人群对品牌的看法。如果 Tent.ly 在测量和标注方面很成熟，它甚至可以将用户与品牌的接触点与漏斗式广告的定位联系起来，以衡量其品牌营销的效果。

在开展品牌推广活动之前，Tent.ly 首先开始进行社交网络倾听，以确定自己应该优先考虑哪些渠道。虽然该品牌有足够的资金支持来进行强有力的宣传活动，但它必须对自己在哪里接触受众、采用什么方式有所选择。在综合考虑了对话量、竞争环境和最终目标之后，Tent.ly 缩小了营销渠道组合。Tent.ly 的营销团队决定将大部分营销活动集中在能够直接吸引潜在客户的社交渠道上，同时该团队也对某些特定市场中更传统的户外广告有兴趣。

Tent.ly 知道，它至少需要为一个社交媒体渠道建立坚实的定位和完善的广告平台。因为 Tent.ly 已经在使用脸书投放漏斗式广告，因此团队决定将脸书作为优先渠道。虽然脸书的潜在有机影响相对较低，但该团队认识到，在一个承载了其大部分漏斗式营销的平台上建立良好的品牌声誉，也将有助于将营销转化为人们的购买量。如果潜在客户在脸书上看到某个 Tent.ly 的广告，并决定更深入了解这个品牌，那么，品牌在同一渠道中的更活跃的表现会给人留下更积极的印象。Tent.ly 计划在脸书上发布能够推动用户参与的内容，以平衡其漏斗式营销活动。

Tent.ly 的团队还认识到，用户在脸书上的积极参与存在局限性，用户参与有机对话的潜力是有限的，有机覆盖率也几乎不存在。绝大多数用户的活动都是完全围绕自己的社交圈子展开的，他们可能对露营感兴趣，也可能对露营没兴趣。因此，Tent.ly 还决定优先考虑参与那些围绕露营和徒步旅行建立的红迪网社区。这些相关社区中的数千万订阅者围绕他们的共同兴趣联系在一起，使 Tent.ly 能够直接与潜在的庞大用户群体进行对话。Tent.ly 也知道赢得红迪网的露营和徒步旅行社区能够带来瀑布效应。在红迪网上获得成功可以更广泛地影响人们对其产品的看法，而且红迪网的内容在搜索结果中的排名很靠前，所以红迪网上关于某品牌上的正面内容，有可能会被任何研究该品牌的人发现。虽然 Tent.ly 的团队认识到在红迪网上采取的营销活动的结果是不太可控的，但潜在的回报是巨大的。

Tent.ly 还认识到，人们去露营或徒步旅行的主要原因之一是能够被自然美景所包围。照片墙自有的视觉效果与卓越自然摄影以及相关内容相结合，可以为品牌提供广阔的创意领域，以供品牌探索。作为一个没有深厚内容储备的新品牌，Tent.ly 还看到了与影响者合作的巨大潜力。许多是品牌潜在合作对象的影响者，在照片墙上已经建立了自己的受众群体，通过在照片墙上露面，Tent.ly 能够最大限度地发挥其影响者伙伴关系的影响。

Tent.ly 团队首先将竞争最激烈的渠道作为其创意简报的对象，然后再逐渐开展竞争较弱的渠道的工作。社交网络比广告牌更具竞争力，所以这就是团队营销工作的起点。社交渠道从高到低的竞争力排名因领域而异，但一般来说，从"冰山"底部着手是值得的——首先是本我网络，然后是超我网络，最后是自我网络。Tent.ly 计划从一个对红迪网的露营和徒步旅行相关社区有吸引力的想法开始，然后想办法将活动扩展到照片墙和脸书上。

在市场研究和战略探索中，Tent.ly 发现，所有水平的露营者和徒步旅行者都会遇到一个困难——寻找好位置。很多人依靠和公园护林员的简短交谈或是与资深露营者的偶然相遇来获得有关当地比较好的远足和露营地点的知识。虽然 AllTrails 等应用程序为人们提供了不同地区可徒步旅行地点的清单列表，但里面的评论和推荐给人的感觉很不可信，而且缺乏当地特色和专业性。Tent.ly 决定从这一发现出发，构建自己的创意平台。通过将有机社区参与和战略性地使用付费媒体相结合，Tent.ly 会创建一个互动式的、众包的地图，旨在分享每个地方的露营和远足知识。

Tent.ly 认识到，为了让红迪网这样的社区性平台能深度参与，社区的参与必须能够真正地体现在活动的发展中。为了推动有意义的参与，这种参与必须有相应的、有意义的结果。在使用更广泛的付费媒体之前，Tent.ly 创建了一系列简单的，旨在提高人们认识和参与度帖子。该团队确定了一些很有可能在共同创建Tent.ly 地图中找到价值的社区。他们在其中进行进一步筛选，社区规模应足够大，从而能够产生影响；社区需要允许开放式参与，而且品牌的参与不会违反任何社区规则。

该团队在有 140 万成员的露营社区（r/Camping）创建了一个简单的有机帖子。

帖子标题：嘿，红迪网用户们，我们喜欢露营，我们希望得到更多关于下一步要去哪里探险的建议！你最喜欢的本地景点在哪里？（另外，我们制作帐篷。）

帖子正文：红迪网的用户们大家好呀！我们来自 Tent.ly。我们已经集体露营了 35 年，之前，我们一直买不起更高品质的帐篷。两年前，我们辞掉了全职工作，成立了一家帐篷公司。我们可以生产质量极高的帐篷，而且无须承担那些大型公司的开销，因此我们可以以更便宜的价格出售这些帐篷。

总而言之，我们有这笔营销预算可以花，比起往你们的动态推送中硬塞广告，我们觉得不如用它来为露营者和徒步旅行者制作一些有用的东西。

我们制作了一张美国地图，上面有我们能找到的所有地方公园和国家公园。如果你去过其中任何一个，可以在地图上发帖，说说这个地方的情况，你喜欢和不喜欢的地方以及是否推荐等。如果有足够多的人参与，我们就会拥有一张充满当地知识以及全国最好的露营和徒步旅行地点的地图！

你觉得怎么样？有什么想要补充或更改的地方吗？如果你能提供一些看法，我们将不胜感激！

一个有机的红迪网帖子使用的语言和语气应该尽可能多地提供幕后视角。通过称自己为一群充满激情的人，并且和潜在客户们关心一样的事情，Tent.ly 立刻以一种真实的方式和其他户外运动爱好者们建立了共同点。Tent.ly 描述自己的营销活动的方式也很随意——几乎就像他们只是在和其他红迪网用户抛出一些想法一样。这不仅让社区成员可以在不厌恶广告商的情况下，有一些空间来评估这个概念，Tent.ly 团队还向新想法敞开了大门，让人们觉得活动的成功有自己的一份投入。通过询问人们觉得这个活动怎么样以及他们是否有其他想法，Tent.ly 强调了一个事实，即他们关心人们的回应。这和其他大型品牌营销团队发行的一个又一个广告不一样——Tent.ly 正在证明他们品牌愿意就这个营销活动与受众进行真正的对话。

对 Tent.ly 来说，可能有几种情况。如果帖子的发布时机、算法、竞争等一切都非常完美，它可能会爆火并吸引大量红迪网观众，甚至会超越露营社区（r/Camping），辐射到别的社区。虽然这不太现实，但它也是有一定可能的，紧随而来的浪潮绝对是巨大的。当一个新品牌或新网页取得大的流量，但却还没有为带宽激增做好准备时，众所周知，红迪网会暂时把网站关闭，这被社区亲切地称为"红迪网的死亡拥抱"。

更可能的是，该帖子引起了一些红迪网用户的共鸣，也引起了一些反对意见。帖子在露营社区的顶部或中间位置停留了几个小时。这种情况下，Tent.ly 很可能会收到大量回应，从参与或反馈的角度看，其中一些回应是高质量的。只要策略得当，这种程度的成功是可复制，也是相对可预测的。Tent.ly 的帖子也有可能会立即收到一些反对意见，然后就逐渐淡出人们的视线。虽然这远不是最好的情况，但它依然是低风险的，Tent.ly 可以简单地转移到另一个与露营或徒步旅行相关的社区。

有机帖子的回报是不可预测的。即使 Tent.ly 完全做对了所有事情，它也会受到算法以及当天与之竞争的其他内容的影响。但是有机发布可以完成几件重要的事情。首先，它为 Tent.ly 提供了他们原定目标的初步反馈。如果他们说的话立即收获了露营爱好者的负面反馈，那么团队在使用付费媒体推广自己的信息之前最好重新考虑一下方法。其次，有机发布会为 Tent.ly 提供一个脚印，向社区发出一个信号，表明他们了解得很多，并且也愿意投入。即使有机帖子只收获了很一般的参与度，当 Tent.ly 在红迪网上进行进一步运作时，查看 Tent.ly 用户资料的人们也能看到它之前发布的有机帖子。这是一种证明品牌在媒体购买之外依然积极参与的方式，尤其是对于社区参与而言，这一点很重要。

让我们假设 Tent.ly 的帖子得到了中等程度的积极回应。接着，该品牌可以采用相同方法，在红迪网上创建一个以露营和远足爱好者为目标的付费推广帖。因为推广帖子看起来和有机帖子一样，所以当这种帖子和社区联系起来的时候，它体现于评论中的参与也会让人感觉非常有机。Tent.ly 将其 5% 的媒体预算用于推广这个帖子，该帖子的文案以及情感基调和之前的有机帖子大致相同，只是根据之前有机帖子的反馈做出了一些调整。

Tent.ly 不断回复着其有机和推广帖子中红迪网用户的评论，还鼓励人们通过填写 Tent.ly 地图中的当地景点来参与帖子。在两周的时间里，Tent.ly 收到了第一个百人评价。虽然这听起来可能不多，但这些初次发布的内容往往是最难推动的。这也是营造内容活跃且流行的感觉的关键。现在，该活动可以更广泛地展开：针对特定的地理区域或是与露营相近的兴趣。例如户外摄影以及使用其他媒体策略来接触更广泛的受众。这也是至关重要的，现在，不仅 Tent.ly 的影响力在红迪网平台上有所扩大，它也可以开始推动其他社交媒体渠道的用户参与。这才是该营销活动真正的启动时刻，之前的一切都可以被视为播下种子或是预启动。在 Tent.ly 参与的每个社交渠道中，它都将更多的媒体预算用于推动用户参与其众包地图活动。

在照片墙上启用付费推广之前，Tent.ly 会为内容补充一些图片——它们的产品在不同自然环境下的照片。该品牌已经完成了这些照片的制作。营销团队非常挑剔，只留下那些真正具有审美吸引力的照片。过分强调产品会让人觉得销售性太强，从而降低参与度。Tent.ly 团队每次会选择 9 张照片来填充一个九宫格格式，并且一周有机地发布几次，以吸引用户参与、扩大粉丝数量。Tent.ly 的第一个帖子不需要在推动参与方面太过努力，因为它还没有太多的观众能够参与。相反，这些一开始的照片是为了代表这个品牌，代表它所生产的产品种类，并让订阅者对品牌未来会在平台上发布的内容有所预期。

除了创建品牌自己的资料页，Tent.ly 团队还与在脸书中拥有大量追随者、在自然摄影和露营领域的影响者合作。Tent.ly 为影响者们提供帐篷，并鼓励他们从品牌的众包地图中寻找露营地点。影响者们在 Tent.ly 的众包地图中的众多推荐景点中选择一些，然后向粉丝们展示自己的露营经历，更新有关自己经历的视频、发布营地布置的照片、分享自然美景的照片等。Tent.ly 会转发并充实影响者发布的内容，在有机帖子中加上影响者的标签，或者评论影响者发布的照片，鼓励其他影响者也做一样的事情。通过这样做，Tent.ly 将自己与这些可靠的影响者们联系在一起，在合作期间内最大限度地发挥受众增长潜力。Tent.ly 会鼓励影响者们使用 # 爱我 Tently（#LoveMeTently）的标签分享内容，这个标签将把所有影响者的内容联系起来，使 Tent.ly 能够在自己的品牌与合作伙伴之间画出一条连续的线。Tent.ly 还会呼吁社区中的人们效仿，参与到众包地图中，并使用相同的标签分享他们自己的内容。

在脸书上，Tent.ly 会使用相似但略有不同的照片来作为品牌的封面照片，以及填充品牌的资料页等。它允许照片墙和脸书的内容之间有大约 50% 的重叠度。虽然重复内容并不总是合适的，但这是一个有用的办法，可以最大限度地提高优质内容的覆盖面和影响力。它可以创造品牌和粉丝的定期接触点，从而帮助保持其内容的有机覆盖面。

　　用户与 Tent.ly 账号中的内容互动得越频繁，品牌后来的帖子就越有可能有机地出现在他们的动态推送中。Tent.ly 的脸书策略和照片墙策略之间的主要区别在于它如何吸引受众。在照片墙上，该品牌会起关于自然的、鼓舞人心的标题，然后使用相关的引语，并且通常允许人们将注意力放在其照片和视频内容上。而在脸书上，Tent.ly 会鼓励用户和朋友之间的联系，并更直接地推动参与。它会为一张通向陡峭山峰的美丽小径的照片加上标题，"@ 愿意和你一起登山的人！"它的文案旨在唤起朋友之间的个人联系，从而扩大品牌内容的有机覆盖面。

　　随着众包地图中不断新增人们补充的露营和徒步旅行建议，Tent.ly 团队根据地理、风景以及适合新手还是老手等因素，整理出了由不同地点清单组成的不同文章。例如，该团队会针对科罗拉多州的户外运动爱好者，提供诸如"露营者在科罗拉多州必须体验的 10 次徒步旅行"或"8 个科罗拉多州人迹罕至的徒步旅行点（有绝佳的风景）"等文章的链接。这些文章标题可能会让人觉得有标题党的嫌疑，但只要我们提供了所承诺的内容，这种标题就会拥有强大的吸引力。不仅如此，将露营和徒步旅行作为标签的人，很可能会在他们的网络上分享这些帖子，作为自我表达的一种形式。他们好像在说："我是一个户外运动爱好者，我发现了这些别人不知道的徒步旅行地点。"特别是在脸书和照片墙上，Tent.ly 希望品牌本身可以帮助人们表达对他们户外活动的热爱。

　　Tent.ly 的营销团队还将部分媒体预算用于特定市场的户外广告中。这个阶段也可以从他们在社交媒体发布的内容中借用元素。营销团队选择了在露营以及徒步旅行目的地的机场以及营地附近的广告牌进行宣传。他们在品牌自己拍摄的或是影响者们在露营时拍摄的照片里，挑出表现力最好的几张作为广告牌背景。这些广告牌的设计有三个要素：首先，用引人注目的摄影作品吸引眼球；其次，表达品牌身份及其产品；最后，通过标签鼓励人们与品牌建立联系——"用＃爱我 Tently 来分享你这次旅行中最好看的露营照片！"

考虑到带宽因素，该团队还可以为其标签建立激励机制，如赠送产品、惊喜和愉悦活动等，或者仅仅是通过自己的账号夸奖用户们提交的优秀内容。Tent.ly 营销活动的生态系统非常好地结合在一起，不仅每个渠道的活动都非常适合该渠道，而且渠道之间可以互相创造效益。该活动的动态性质本身就很有趣。品牌的价值不是由公司在实验室中创造的，它是由活动的参与者共同创造的。如果参与者提交的照片注定要在某个品牌经理的硬盘上存放 10 年，那么没有人会愿意提交照片。人们提交照片，希望能得到某种关注、认可以及参与感。通过设计这样的营销活动，既能有效地使用媒体资金，又能向用户提供更深层的品牌联系点。品牌可以在提高销量的同时，建立信誉和口碑。

案例 2：向千禧一代和 Z 世代重新定位一家传统科技公司

通常情况下，在策划一个营销活动时，我也要和品牌的历史进行竞争。我们很少会面临从头开始，推出一个新品牌的挑战（和机会）。我们也常常处于一个和过往的成功相比拼的位置。我们的品牌已经在某个领域确立了自己的市场领导者地位，并希望发展到另一个领域，或者我们在某一个领域做得非常好并极具知名度，所以我们开展了一些活动，让其他业务也能沾沾光。

随着品牌的成长，以及对不同业务领域进行细分，要保持品牌凝聚力是很难的。尤其是当企业内部的营销团队为了预算而竞争时，不同的部门间很容易形成相互对立的关系。对消费者来说，这种情况的表现之一，就是品牌在社交媒体上的存在是分裂的。如果我们是一家生产计算机处理器、游戏配件、办公设备和虚拟现实（VR）硬件的电子公司，那么我们的内部营销组织可能往往会根据产品的细分品牌来选择在社交媒体上的存在。但是对于潜在客户来说，这可能会带来混乱和挫折，尤其是当他们希望和这些不同产品背后的同一个品牌互动时。

想象一下，现在我们代表一家名为 Lumina 的大型电子公司。Lumina 是一家知名的、树大根深的电子产品制造商，拥有几十种产品，适合各种不同的市场。虽然 Lumina 的一些产品是面向企业销售的，但其品牌的大部分营销预算都用于消费者营销。Lumina 在婴儿潮一代[1]的心中是一家可靠的电子公司，但它在千禧一代和 Z 世代[2]中占有的市场份额不多。虽然 Lumina 以其可靠的日常产品而闻名，例如电脑零件、电视和智能手机，但该公司在创新方面也投入了大量资金，尤其是在虚拟现实领域。

该公司没有为 Lumina 电脑（Lumina Computer）、Lumina 电

---

[1]　婴儿潮一代，尤指在第二次世界大战后生育高峰期出生的人。——译者注
[2]　Z 世代，指新时代人群，通常指 1995~2009 年出生的一代人。——编者注

视（Lumina TV）等业务创建不同的社交媒体账号，而是在其选择的平台中维护着两种社交媒体档案——一个是主流的、面向消费者的内容；另一个是在相关情况下，根据不同业务的，单独的内容。虽然这需要 Lumina 不同产品的营销团队之间进行更深层次的协调，但它为客户创造更顺畅的、与品牌互动的体验。为了协调一致，Lumina 的不同营销部门之间建立了"一个品牌"战略，以保证公司所有消费者营销工作的一致性，每个营销团队的工作都会根据这一战略被评估，以确保维持一致性。

Lumina 要求其创意机构制作一项活动，通过提高人们对其虚拟现实领域业务的认识，来突出公司对于创新的奉献。预算很多，该活动的目标是将 Lumina 定位为对千禧一代和 Z 世代来说既可靠又前沿的产品。Lumina 会定期发布新闻稿，对其虚拟现实技术和研究进行部分新闻报道，但初级消费者研究表明，Lumina 的 Z 世代和千禧一代受众很少将该品牌与创新和科技联系起来。营销活动必须在向这些受众重新定位品牌的同时，不改变忠实客户眼中的品牌身份，保持品牌的一致性和可识别性。

由于创新是活动的核心，团队几乎没有交易性手段分配预算，例如付费搜索和程序化广告。虽然这些手段是提高销售量的低成本方式，但它们不太可能改变人们对这家知名科技公司的看法。相反，该团队寻找的是能够让虚拟现实技术和创意大放异彩的渠道。

色拉布是接触千禧一代和 Z 世代的社交媒体渠道的有力候选者，该团队认为增强现实滤镜是一个很好的创意画布，允许他们用有趣的方式传达创新信息。Lumina 还认识到，虚拟现实作为一项新兴技术，该领域的创作者们会在紧密的社区中相互联系，他们在那里会进行相对封闭（但非常深入）的对话。为了接触到那些第一批使用虚拟现实的人，Lumina 希望参与红迪网上的虚拟现实社区的对话，在那里，他们不仅可以接触到关于虚拟现实的特定社区，还能接触到和科技相关更广泛的社区。

Lumina 还认识到，虚拟现实是一种深度沉浸式的技术。要在视频中捕捉到虚拟现实的效果已经很困难了，更不用说在竞争激烈的社交媒体信息流中了。该品牌决定，油管、Twitch 等其他允许更沉浸式内容的在线流媒体广告，也应该在此活动的生态系统中发挥作用。最后，团队从虚拟现实社区以及首次使用虚拟现实的用户间的有机对话中获得启发，他们发现，虽然看一些和虚拟现实有关的内容是很有趣的，但只有通过亲身体验，人们才能真正了解该技术的魅力。团队决定要把事件行销纳入活动中。

考虑到红迪网、色拉布、油管、Twitch 以及事件行销，Lumina 的创意团队想出了一个大创意：开发一款电脑与虚拟现实双版本的大型《我的世界》（My World）游戏。《我的世界》是一款深受大家喜爱的沙盒游戏，它使用简单的图形和逻辑，让玩家们可以构建自己的世界。这款游戏在当时既具流行度（在 2019 年时拥有 4.8 亿玩家），也是品牌目标受众的怀旧之作。《我的世界》在模因文化中也有着特殊的地位，Lumina 希望通过这个游戏，品牌可以得到互联网时尚达人的喜爱和认可。

该团队通过与红迪网上各种和《我的世界》以及虚拟现实相关的社区进行互动，来启动该营销活动。同样，从"冰山"底部开始，逐渐往上推进，Lumina 团队在红迪网上使用了少量的付费推广，向《我的世界》的玩家和虚拟现实社区宣传其活动概念。在对玩家开展初步研究，并与玩家进行初步对话之后，该团队决定，与其由品牌自己来创建一张《我的世界》地图，不如让玩家自己动态地创建一个共享地图，这会更有趣。

该团队创建了自己的红迪网社区，并利用红迪网的自然社区算法来促进人们对不同用户提交的地图进行投票。这个新社区相对较小，但团队根据用户提交的帖子数量以及用户的参与深度来评估活动，而非社区的订阅量。在两周的时间里，团队通过定期更新，密切与《我的世界》社区以及虚拟现实相关的社区保持联系。Lumina 团队会对票数最多的几张地图进行评估，综合票数以及自己的开发者需求，在其中选择一张。

Lumina 团队坦诚地向红迪网社区解释说，在地图可以按照他们的预期方式投入游戏之前，有一些技术障碍需要克服。红迪网用户们很欣赏这个品牌的坦率，并有一些人提出要帮游戏进行测试。Lumina 现在有一个由一群专注的玩家组成的焦点小组，他们可以体验游戏的开发过程。Lumina 自己的开发团队与代理机构合作，让红迪网用户们设计的地图变成现实，让在线玩家和使用虚拟现实硬件的玩家可以在同一个世界中玩耍。

Lumina 的创意团队认为，圣迭哥动漫展（Comic-Con）是揭开其虚拟现实版《我的世界》体验面纱的理想场所。该动漫展的创造性与开放性吸引了 Z 世代和千禧一代的积极参与，并且参加漫展的人非常喜欢新技术，所以圣迭哥动漫展是 Lumina 在现实生活中开展该营销活动的完美场所。在动漫展开始前，Lumina 用一种半开玩笑的网络幽默方式预告了它将带来的激动人心的 VR 体验。该品牌在以前的营销中从来没有发布过这样的活动，但这个活动仍是以符合品牌精神的方式来执行的。预告漫展的目的首先是保持品牌与红迪网社区的互动，其次是提高人们对此虚拟现实体验的期待。就左脑–右脑营销而言，这个活动是Lumina用于激活右脑的做法。它旨在推动活动期间用户尽可能多的参与，但该活动也旨在为品牌创造引人入胜的左脑故事，以便之后讲述。

随着圣迭哥动漫展的开幕，Lumina 推出了其首套覆盖面广泛的广告系列，旨在吸引人们最大限度地参与到地图中来。Lumina在其首选的几个社交媒体渠道中透露，《我的世界》服务器中藏着一个隐藏物品，找到这个物品的人将赢得一套免费的虚拟现实家庭系统。实际上，Lumina 还藏了很多不同的惊喜和乐趣供参与者们发现——产品赠品、特殊的游戏道具等。

在 Twitch 和油管上，Lumina 分享了其《我的世界》地图的预告片，预告片中有团队创作的饱含漫展灵感的雕塑、建筑和景观，以供玩家探索。在色拉布上，Lumina 制作了一个增强现实滤镜，它可以将人的自拍转变为《我的世界》风格——拥有同样服装颜色、发型和配饰等的块状小人。当参与的用户查看广告细节的时候，他们会发现，自己可以用刚才制作的《我的世界》形象，加入 Lumina 的多人游戏地图。

与此同时，参与了动漫展的人正在通过 Lumina 的虚拟现实头盔体验这个世界。当活动参与者们进入这个虚拟现实世界，和其他数千名进入同一个地图的玩家互动时，Lumina 团队会拍摄他们"哇！"的惊喜瞬间。Lumina 的团队还会在 Twitch 和油管上有直播玩家的视角，使其他在线的《我的世界》玩家能够寻找到在动漫展现场的玩家。在线玩家组成了一个漫展玩家搜索队，一场躲猫猫游戏随之展开。网上玩家和漫展活动中的玩家都找到了创造性的互动方式：用积木拼字、排队握虚拟玩家的手、建造新雕塑，挖掘隐藏的复活节彩蛋等，他们的这些互动也实时地发展了这个地图。

在体验过程中，有数百万人接触到这些内容，数十万用户观看了直播，数万用户实际进入了地图。Lumina 不仅利用其创新科技提供了一种有趣的、让人意想不到的体验，而且它现在还有很多的故事要说。人们建造了什么？他们是如何互动的？最有趣的时刻是什么？形成了哪些真正的联系？不同的红迪网社区是如何互动的？他们在整个活动过程中创造了哪些模因？每一个问题的答案都为团队创建、引人入胜的活动后内容提供了丰富的资源。通过正确的讲故事方法，这个体验会覆盖到更为广泛的受众，而不只是局限于《我的世界》的玩家。Lumina 团队认识到，虽然游戏是最初用来吸引人的东西，但团队讲述的故事方式应更具普遍性。在团队所讲述的故事中，他们会把这种体验作为一种社会实验。

在接下来的几个月里，Lumina 提供了一系列视频，旨在突出人们在其《我的世界》地图中的最有趣、最生动、最惊奇以及最真诚的互动时刻。品牌会创建一个 10 分钟的视频，向好奇的人讲述了活动的全貌，但它也会在红迪网、色拉布、Twitch、油管以及其他流媒体中推广一些 15~30 秒的，不同的小片段。

没有使用 Lumina 华丽的画面，或是聘用专业演员戏剧性地表演他们对虚拟现实头盔的反应，而是创造了一些真正独特的东西。虽然《我的世界》没能体现 Lumina 虚拟现实头盔最厉害的图像功能，但它为成千上万的玩家提供了难忘的体验。真实体验总是比那些在实验室中诞生的精美广告更具吸引力，也更能带来用户的积极参与。

虽然 Lumina 预想到他们通过这些故事接触到的人中，只会有一小部分会去真正地，亲身参与这个《我的世界》地图活动，但活动本身的深度会对观众产生影响。Lumina 不仅把营销资金用于宣传自己，它还创造了一些令大家都愉快的东西，所以，它所讲述的故事并不完全是自我服务性的。该营销活动的深度以及Lumina 为人们提供远超商业广告的体验的努力，为该活动所覆盖的千禧一代和 Z 世代受众中留下了深刻的印象。

案例 3：绩效营销也可以很吸引人

无论我们的任务是振兴传统品牌还是打造新品牌，我们都常常面临着一个对成功的模糊定义。我们的营销任务是推动品牌向前发展，推动漏斗式目标，赢得媒体报道等。不论是新品牌还是老品牌，都面临着如何全面衡量营销活动的挑战。新品牌很少有可靠的基准来比较营销活动的效果，而老品牌常常有非常多的营销活动，以至于很难确定是哪些活动推动了哪些结果。

不过，有时我们会遇到一个独特的机会以及挑战，优化我们的工作，以达到一个单一的成功指标。新一代的应用程序和网络游戏就是很好的例子，这些产品的营销几乎完全围绕着提高下载量展开。即使是那些免费应用程序，最大的营销挑战也往往是提高下载量。尽管提高下载量看起来很简单，但其表面之下还隐藏着许多营销挑战。

"绩效营销"一词经常被用于描述一个漏斗式目标进行优化的营销策略。一般来说，绩效营销人员在优化目标时，是非常无情的。绩效营销目标通常包括提高下载量、安装量、购买量、点击量和关注量等指标。在更为传统的广告中，创意和策略位于层次结构的顶端。而在绩效营销中，客户数据和分析是主导力量，而创意和策略往往处于次要地位。

一个创意机构在处理问题时，可能会首先考虑品牌应该给所接触的人留下什么样的印象；而绩效营销人员倾向于从尽可能庞大的内容池入手，利用绩效分析来制定制胜策略。在这本书中，我一直主张要平衡这两种方法，但即使是最注重绩效的营销人员，也应该考虑用户心态、立足于品牌宗旨，最大限度地提高用户参与度。

也许第一个也是最容易犯的错误就是割裂了绩效营销与品牌营销。在品牌内部，将绩效营销和品牌营销拆分，在它们之间分配预算和人力可能是很有用的，但我们必须记住，对于潜在客户来说，广告就是广告，是一个整体。我们的受众不会知道这种区别，所以无论他们眼前是什么内容，结果只有有效和无效两种。

在短期内，激进的绩效营销似乎可以对媒体预算进行高效利用。绩效营销往往会取得近乎立竿见影的效果，对于新品牌来说，这种快速见效的承诺可能很诱人。然而，为了品牌长期健康发展，我们不能仅仅针对单一的指标优化我们整个营销策略。如果这样做，我们不仅会陷入与客户建立的关系完全是交易性的风险之中，而且我们在这种营销方式上花的每一分钱，都是在朝着错误的方向越走越远。举一个极端的例子，如果我们负责一个美容服务应用程序，然后错误地花费了 100 万美元，使用内衣模特的丑闻图片来提高下载量，那最后我们将发现，下载量的 90% 都来自青少年男性，那我们品牌接下来的路会很难走，因为我们没有考虑我们表达品牌的方式，对品牌本身会有什么长期影响。

从根本上说，绩效营销和品牌营销并不矛盾。绩效营销会问：

"什么样的内容将推动特定的指标达到最大次数？"品牌营销会问，"什么样的内容最能表达我们品牌的身份？"当品牌的帖子出现在一位用户的动态推送中时，两者之间其实并没有那么明显的区别，也许作为营销人员，我们也不应该将它们完全分开。

品牌营销和绩效营销这两个问题的答案是可以兼容的。如果我们问自己，"什么样的内容能够表达我们品牌的身份，同时也能够最大限度地增加观众采取有意义的行动的数量？"我们就能找到两者之间的折中办法。我们希望塑造的品牌的样子会给我们建立一个框架。通过以周全的方式表达我们的品牌，我们定义了品牌想成为什么样子，以及不想成为什么样子。那些在社交媒体上花费了大量时间的品牌营销人员应该熟悉绩效营销的思维方式，绩效营销只是迫使我们更加重视绩效考核指标。当其与强大的测量策略配合使用时，优化广告以达到将用户参与转化为品牌收益，不会比提升人们对广告的参与本身更难——我们只是将测量方法提高了一个层次。

在最后一个案例中，假设我们正在营销一个名为试衣间（Fitting Room）的新的时尚程序。试衣间承诺能让网络购物者们虚拟试穿各种品牌和零售商的服装。用户只需从不同角度拍摄自己，并输入自己的身高和体重，试衣间就可以使用增强现实技术，为用户穿上他们想要试穿的服装。试衣间与主流零售商和时尚品牌签订了协议，会从用户试穿的每件服装的销售额中抽取一定比例的分成。该团队也正在探索直接在程序中销售服装。该应用程序的目标人群通常是 18 岁至 34 岁的女性，但该团队发现，同一年龄段对时尚感兴趣的男性也在使用该应用程序。

在过去的两年里，试衣间靠一己之力不断发展。通过努力吸引媒体以及有机营销，试衣间积累了 1 万次的下载量。试衣间最近获得了 500 万美元的 A 轮融资，用于开发更多功能、优化用户体验、与更多时尚品牌建立合作伙伴关系以及扩大用户群体。试衣间必须在明年达到 3 万的月度活跃用户量，才能符合其增长预测。

目前，在品牌最初的 1 万次下载量中，只有 1000 名月度活跃用户。营销团队估计，一些下载该应用程序的用户根本不会经常使用它，因此该团队使用 10 位下载用户中有 1 位月度活跃用户的概率来估算其今年的下载目标。试衣间的团队认识到，其最初的 1 万次下载主要是通过有机口碑和有机媒体营销实现的，其用户参与率可能会比单纯通过广告下载该应用程序的用户要高。然而，该团队还预计，随着应用程序添加新功能并改善其用户体验，参与率可能会有所增加。所以该团队维持这一乐观估计，10% 的下载量会转化为活跃用户，试衣间团队还计划在广告发布，获得了一些初始数据之后，重新估算这一基准。目前该团队认为，为了增加 29000 名月度活跃用户，预计需要大约 30 万次下载。

试衣间团队的规模不大，并且非常团结，其营销主管常常会与首席执行官和产品主管交流（暂时压抑一下怀疑，这只是一个虚构的例子）。到目前为止，产品团队已经逐步推出了一些新增功能以及更新，允许其社区提供有机反馈，以为产品路线图提供信息。在之前融资的准备过程中，品牌团队收到的反馈多于品牌资源，所以试衣间团队积累了大量用户反馈，为接下来 6 个月的开发提供参考。现在，随着资金到位，团队也知道为了改进应用程序需要构建些什么。试衣间营销人员想知道这是否会是一个机会，来建立人们对于新版本发布的期待。

"但应用程序目前处于上线状态？"是的。尽管试衣间团队对这个产品非常自豪，但他们知道，目前的试衣间和他们理想中的试衣间还是有所区别。考虑到这一点，该团队向其用户群解释说，他们很高兴能从这个社区中获得如此积极的反馈，虽然他们从未预料到这种回应，但他们正在考虑社区的反馈并进行重大更新。3个月后，试衣间将会升级其功能，扩大合作伙伴关系，并展示全新的试衣间体验。试衣间团队正在寻找潜在的测试者、有抱负的时尚行业影响者以及新晋设计师来参与他们即将发布的活动。任何有兴趣加入试衣间伙伴（Fitting Room Friends）社群的人都可以通过填写一份简短的申请表与团队取得联系。随着更多功能的到来以及定期更新的承诺，有机社区最初的犹豫被兴奋和赞赏所取代。

试衣间认识到其品牌所代表的不仅仅是其应用程序的功能，该品牌的理念是：让各种体型和身材的人都能自信地购买时尚产品。这就是试衣间希望向世界展示的核心内容。这款应用程序向那些对时尚感兴趣，但之前被排除在时尚对话之外的群体也开放了通往时尚之路，即任何码数大于最小号的人。凭借着每年的50万美元营销预算，该团队决定发起一项活动，以庆祝时尚界的多样性——家庭手工艺者、卧室造型师、大有前途的设计师和非传统模特等。

试衣间团队决定用一个活动来体现这个信息，该活动将会把程序的重启时刻推向高潮。他们的重启计划包含3个主要组成部分。第一，该团队正在努力对其应用程序本身进行重大改进。第二，利用应用程序的用户之间已有的有机交互，该团队创建了试衣间伙伴社群，有点类似于客户关系管理（CRM）系统，但层次更深。该群组的成员能与试衣间团队进行更多的沟通，拥有属于自己的社区，可以在其中与其他用户互动，参与测试并提供对新功能的反馈，他们常常会被试衣间用户视为品牌内部人员。虽然很少见，但一些品牌和产品也会促进社区建设，在某些情况下，这些以品牌为中心的社区可以起到类似右脑、冰山底部的社交网络的功能。试衣间重启计划的第三个部分是转变传统影响者计划。试衣间团队在刚推出应用程序时就开设了一个照片墙账号，虽然受众并不多，但该账号也已经有机地积累了大约 1000 个粉丝。该团队起草了一份说明，宣布他们正在寻找时尚人才，并且这些时尚人才将在品牌即将到来的广告活动中亮相。他们首先会向更衣室伙伴社群发布这个作品征集活动，然后会在照片墙上发布帖子，向公众开放这个机会。

该团队没有写一个长长的标题，再附上一张图片，而是直接设计了一个像便签一样的方形文字图像，描述他们正在寻找的东西，以及它如何与试衣间品牌联系起来。通过这么做，试衣间优化了其模因机器，使其能够被分享以及传播。虽然不确定该内容是否会收到大量响应，但创建像便签一样的图像既能将观众的注意力集中在主要目标上，又能有助于内容被进一步分享。便签现在可以被转发、标记或是截屏，因为抑制信息共享的技术障碍基本都被消除了。

最初，试衣间团队收到了一些感兴趣的人发来的电子邮件和评论，回应了团队对时尚人才的呼吁。团队在接下来几周里继续鼓励大家参与进来。由于品牌早期赢得了不少媒体关注，所以该团队能够在知名时尚博客中获得更多的报道，从而扩大活动的影响力。"我们相信时尚是每个人的！我们正在寻找崭露头角的设计师和模特在我们即将到来的活动中亮相。我们还不知道哪些人是我们应该知道但还不知道的？"在这个早期阶段，受众有两种人：一是有抱负的设计师和模特，二是有抱负的设计师和模特的朋友。

几周后，试衣间已经收到了几百份申请。每个提交了申请的人都被欢迎加入试衣间伙伴社群，试衣间团队选择了10位设计师和10名模特参加他们的活动。该团队会向试衣间伙伴社群介绍他们决定的人选，并为社群以及被选定的模特和设计师举办一场问答活动，同时鼓励社群中的成员在整个活动期间继续相互支持。

试衣间会鼓励合作的模特和设计师分享照片和视频，这些照片和视频可以通过试衣间的社交渠道进行进一步的展示。试衣间团队会向他们的合作伙伴们提供提示，例如："什么让你对时尚充满热情？""时尚行业最需要多样性的地方是哪里？"该团队定期有机更新，展示这些不同小微影响者的回应并分享他们的内容，同时鼓励人们关注他们。当合作伙伴发布内容时，试衣间也会对他们的帖子进行评论和转发。这些有机互动既提升了小微影响者的影响力（这也是他们想要的），又让这些影响者的观众们能够自然地发现并关注试衣间。试衣间团队使用最少的媒体预算，向小规模但相关的受众推广其内容。针对小微影响者的粉丝群体，重新定位以前接触过该品牌的人，并接触更知名的时尚影响者和品牌的粉丝群体。

在准备发布日的过程中，试衣间团队为他们选择的小微影响者组织了一次拍摄。团队聘请了几位摄影师和摄像师，并租了一间看起来很时髦的房子，让他们的合作伙伴飞过来住了几天。这不仅维护了试衣间与其合作伙伴之间的关系，而且还为正式拍摄以及幕后记录等内容提供了充足的机会。

专业摄影师为穿着设计师作品的模特进行拍摄，还会拍摄设计师准备服装以及模特正在试穿的片段。但试衣间团队也鼓励合作伙伴用手机捕捉一些"偷拍"的时刻。合作伙伴会在自己的社交媒体账号中分享大家哈哈大笑、交谈、浏览设计师的速写本、跳入游泳池、参加豪华晚餐等幕后时刻的照片或者视频。试衣间在整个拍摄过程中，也会转发和分享合作伙伴制作的有机内容，从而让试衣间伙伴社群以及更广泛的追随者群体感到自己也参与了进来。

随着视频和照片被修改完善为发布会的内容，试衣间会确保各种时尚博客以及出版物发布的有关报道是大体一致的。有关应用程序更新的信息也会包含在报道中，但退居次要地位。来自新兴设计师的独家时尚产品，只能通过试衣间应用程序购买，保证合身。该团队将这些小微影响者放在中心。毕竟，与未来可期的合作伙伴分享聚光灯是实现品牌承诺、让时尚界的声音多样化的一种明确方式。

在发布日的几周前，试衣间加大了媒体宣传力度，以提高人们对独家设计师发布的期待，从而鼓励人们下载该应用程序以获得更多信息。在照片墙、色拉布和抖音上，该品牌的推广内容既包括了合作伙伴制作的搞怪自拍视频，也包括了品牌拍摄时制作的精美视频。虽然精致内容和坦率内容之间差别很大，但所有这些内容都完全符合了试衣间代表时尚多样性的品牌战略。因为所有内容都是符合品牌框架的，因此试衣间团队可以很轻松地优化其媒体支出，即把更多的付费推广应用于下载率最高的内容上。这使得试衣间可以在推动品牌活动与提高绩效之间保持一致。

在照片墙上，试衣间会根据不同设计师和模特的照片创建一些相册。每个相册的开头都是一张严肃的、有高级感的照片，但越往后就会变得越发坦率和随意。每本相册的最后都是一段设计师或者模特的自拍视频，介绍自己是谁、介绍作品背后的灵感以及自己为什么从事这个行业，等等。通过平衡高级的时尚美学以及幕后内容，试衣间吸引了精通时尚的观众，同时也传达了温暖和人文价值。在这些专辑的描述中，会有介绍合作伙伴的文案，并补充说明这些设计作品将在 9 月 1 日通过试衣间的应用程序发售。每件作品仅有 100 件，并且保证合身（或适合零售）。相册下方有一个按钮，鼓励人们下载试衣间应用程序。

在抖音上，试衣间团队会推广设计师和模特的自拍视频，在这些自拍视频中设计师和模特会向他们的观众讲述自己的作品、创作灵感以及购买方式。该团队还会发布一些拍摄时的片段，并有机地转发合作伙伴的内容，以保持账号的活跃度。试衣间鼓励他们活跃于抖音的合作伙伴发布穿着自己作品的视频。与试衣间合作的小微影响者学习各种抖音流行舞蹈，并发布他们穿着试衣间衣服并跳着自主设计的跳舞的视频。一些视频获得了几十万的浏览量，增加了试衣间的自然关注度，同时推动了应用下载量的大幅增长。该团队并没有预想到该营销模式会有病毒式的走红，但通过有机发布以及最大限度地推动有机活动，试衣间为自己的成功做足了准备。与其付费媒体的覆盖面相比，试衣间在抖音上的覆盖面相对较小，但它强大的有机足迹为人们提供了对这个品牌的一些基础认识，从而帮助品牌在付费媒体的影响力最大化。

随着人们对试衣间的认识不断提高，他们更有可能会与试衣间的内容互动，从而降低了付费参与与有机参与面对的障碍。

在色拉布上，试衣间将其拍摄的片段与那些随性的幕后视频结合起来，制作了一个短视频系列，快速讲述了有关活动的故事。每个视频时长只有十几秒，并且会在视频中加入几行文字来加强叙述效果。这些广告不太是为了促使色拉布用户参与品牌的活动，而更多是为了推动下载量并建立品牌知名度。该团队还在色拉布上购买了一些定位推广滤镜，针对一些特定的潮流市场，以鼓励有机共享和参与。例如一个滤镜中写着"高级时尚"，鼓励色拉布分享任何他们的穿着的照片，因为时尚是所有人的。

估计该团队有些人会认真地使用这个滤镜，也有人会把这个滤镜用来搞怪，但团队接受了这一点。通过倡导"全民时尚"的理念，该品牌挖掘了对时尚感兴趣的人的普遍思维模式。使用试衣间滤镜的人可以通过该品牌的理念来表达自己，而且，由于色拉布能够将人们与其现实朋友联系起来，所以他们之间也可能会产生关于滤镜的对话，从而推动滤镜被更广泛地使用。

在发布日当天，试衣间会加强所有渠道的媒体宣传。试衣间团队会在其应用程序以及官网上发布一个完整的"走秀"视频，并且将"走秀"视频中的片段作为跨平台广告，提高其独家服装发布的即时性。由于该团队建立了强大的媒体关系，所以发布日的当天上午发表的几篇文章，帮助品牌在网络时尚社区中建立了口碑。在程序开发期间，由于试衣间伙伴社群中参与测试的用户的帮助，开发团队已经解决了绝大多数程序错误，所以有机对话仍然集中在模特和影响者身上。

几乎在一瞬间，10 种服装中有 2 种售罄了，试衣间在其照片墙主页中分享了这一情况，祝贺这两组设计师和模特取得了快速成功。这不仅让品牌呈现出一种无私的姿态，而且还促进了观众的参与感和排他性，并且让观众有一种需要立刻采取行动的感觉。第一天过去，另一种设计卖完了其100件的库存，接下来的几天中，试衣间团队继续宣传剩下来的衣服。

该团队现在有很多事可以做，他们可以选择为最受大家欢迎的服装进行补货，也可以选择在未来与更多的小微影响者合作，或是选择与当前合作的小微影响者深化关系等。虽然该活动旨在为一个特定的时期创造声势，但该团队未来可能会继续建立类似的合作伙伴关系，并发布其他独家设计师的服装。在活动过程中，试衣间不光帮助了它的第一波合作伙伴成长，它自己也受益于此，与合作伙伴一同成长。品牌和个人之间的这种积极关系对观众而言往往是有形的。如果影响者真的很喜欢与某品牌进行合作，这往往是会表现出来的。

试衣间不但有效地利用媒体来推动下载，而且创造了一个用于吸引时尚界关注的品牌时刻。除了一些花销较少的色拉布滤镜外，该品牌用于推广其活动和传达其品牌意义的每一个付费广告都推动了其应用程序的下载量。如果试衣间把广告的重点放在程序功能或者可供试穿的衣服上，那么广告创意的吸引力可能就不那么高，并且也没办法推动口碑和宣传。

如果试衣间采用传统的绩效营销方法来推动下载量，那么团队确实可能会推动差不多的下载量，但这样，这些下载程序的用户和品牌之间就只有交易关系。如果有竞争者出现，并提供更低的价格或更合身的产品，现在的试衣间会有能力保护自己，因为对于参与的用户和社区而言，试衣间不仅仅是一款应用程序。

不论目标如何，营销活动都应植根于品牌内涵

在绝大多数情况下，活动的规模大小和预算都会影响到品牌所能推动的总体用户参与量。但其实不论活动规模如何，品牌都可以找到带来大量参与度的方法。即使是专注于漏斗式目标的活动，也会从创造性和战略性的思考中受益。所谓创造性和战略性的思考，即思考品牌的信息——品牌的模因——如何吸引人们的注意力、融入有机对话并传达品牌意义。这样一来，品牌能够赢得超出媒体预算的影响力，并通过实现更高的用户参与率来更有效地利用这些媒体资金，还可以与观众建立更深层次的联系。

优秀的策划和创意人员会从多个层面分析、评估他们的想法。我们的想法是否足够好？能否吸引人们的注意力？它能与一些更广泛的文化对话产生联系吗？我们将如何在品牌参与的各种媒体渠道中，把这个想法变为现实？我们的想法与这些渠道中能够吸引人的内容类型有什么联系？每一条内容将如何在这些渠道中呈现？我们可以找到哪些有机的灵感来源？我们如何使内容尽可能地易于理解、易于分享、易于吸引注意力？从创意到执行，从吸引广泛的关注到以最有效的方式展示我们的模因，创造最佳的社交媒体活动需要我们的思维能够超越品牌本身，去了解我们计划接触到的人们的环境。

✐ **要点总结**

- 优秀的社交媒体活动通过确保活动的每一部分都有一个具体目标，并且每一部分都能够促进活动的整体结果，从而使效率最大化。

- 为了推动有意义的用户参与，这种参与必须也产生一个有意义的结果。在鼓励用户生成内容（UGC）时，要保证创意的产出将是有趣的，并将用户生成的内容用于活动本身。

- 品牌行为和讲故事是品牌营销的两个重要部分。为了讲好故事，品牌必须要做一些有意思的事。

- 即使是最注重绩效的营销团队，其创造的社交媒体活动也应植根于品牌内涵，并确保它是朝着品牌的长期目标发展的。

第十二章

被忽视的右脑

在讲故事和建立体验间达到平衡

这是一个平常的星期六，除了几个普通的愚人节噱头。汉堡王宣布推出皇堡风味牙膏（假的）；布什牌烤豆酱（Bush's baked beans）模拟了一款豆果冻产品（假的）；占边威士忌（Jim Beam）推出了一款占边豆子（"Jim Beans"），一种罐装烤豆产品（假的）；咖啡伴侣（Coffee mate）发布了一款咖啡味的咖啡奶精（也是假的）。这么多和豆子相关的事，你还没觉得烦吗？

在那一天，发生了另一件事，一件将载入互联网历史的神奇的事情。2017 年愚人节，红迪网通过一个名为放置（r/Place）的社区推出了一项"实验"。放置社区中只有一块简单的 1000×1000 像素的空白画布。画布下面有一组简短的说明，读起来像一首诗：

这里有一块空白的画布。

你可以在上面放置一块瓷砖，但在放置下一块前请等一等。

作为个体的你可以创造出一些东西。

作为集体的你们可以创造出更多。

这个概念既简单又优雅。任何拥有红迪网账号的人都可以访问这个社区，并与共享画布互动。参与者可以从 16 种不同颜色的瓷砖中选择一种，将其放置在画布的任何位置上，不论该位置上是否有其他瓷砖。放置瓷砖后，计时器会开始计时，该用户在大概 10 分钟内不能再放置下一块瓷砖。正如说明中所暗示的那样，如果花几个小时，付出些努力，个人用户可以创造出一些简单的东西。如果整个社区都能一起参与，那么他们可以创造出更多。这也是他们实际所做到的。

不可否认，刚开始放置社区的实验确实遭遇了一些坎坷。如你所料，画布上的第一个大型作品是一个大红色的阴茎。但阴茎笑话的新鲜感很快就过去了，很快，不同的派别开始形成。在画布的右下角，一群自称"蓝色角落"的人开始着手将整个画布涂成蓝色。作为回应，另一个名为"绿色格子"的小组人员开始从画布的右上角创建一个更为复杂的绿黑色图案。又一个派系很快成立，名为"彩虹之路"，参考了游戏《马里奥卡丁车》（Mario kart）中的赛车地图，"彩虹之路"的人员准备在画布上完成更为复杂的对角线彩虹图案。

在整个实验过程中，红迪网用户们创作的复杂性不断增加。整个红迪网社区都找到了创造性的方式来表现自己。通过使用共享电子表格以及指定经纬度坐标，社区在混乱的、不断发展的共享画布上，推动了网络合作的界限。那些基于地区的社区制作了旗帜。视频游戏社区则制作了几乎所有你可以想到的游戏里的像素化角色。一些参与者甚至创作了梵高的《星夜》和达·芬奇的《蒙娜丽莎》。希曼（He-Man）、独轮青蛙（Dat Boi）、青蛙佩佩（Pepe）、企鹅俱乐部（Club Penguin）、佩顿·曼宁（Peyton Manning）戴着黑色滑雪面罩回头望的照片，以及模因"不要踩到蛇"（"no step on snek"）都出现在了最后的画布上。一个受到Windows 95 启发的任务栏以及一个源自"江湖"（Runescape）的"断开连接"试图打破画布的第四面墙。来自红迪网各个角落的意识形态、人、国家、模因，还有想法都在放置社区的画布上找到了家园。

　　许多图案复杂得令人难以置信。Ars Technica博客的作者萨姆·马奇科维奇（Sam Machkovech）指出，即使是像单个字母这样简单的东西，也需要用户之间进行大量的协调："一个可以被辨认出的罗马字符需要不小于24像素的空间，因此需要超过24个红迪网用户来放置瓷砖，他们还需要派人手站岗，阻止后续的破坏行为。"不知为什么，红迪网用户设法写下的不仅仅是字母或者单词，而是《星球大战》前传中帕尔帕廷议长和天行者阿纳金之间的一整段对话。从"你有没有听说过智者达斯-普拉格斯的悲剧？"开始，这个故事已经成为我们这些互联网新手所说的"复制粘贴"，即经常被随意地复制粘贴到通常不相关的对话中的文本。在放置社区的最终图像中，所有732个字符都清晰可辨。根据马奇科维奇的计算，这需要大约17500名红迪网用户的持续合作协调。

　　2017 年 4 月是互联网上特别有争议的一个日期。在 2016 年大选以及特朗普总统就职典礼之后，两党支持者的情绪都非常高涨。但不知何故，这些政治问题根本没有出现在放置社区中。在最终的画布上找不到有关共和党或民主党的内容。在放置社区的画布的演变过程中，我们也可以找到一些展示政治信息的尝试，但它们很快就被兴趣、激情、模因、旗帜、徽标等覆盖。放置社区实验的美妙之处在于，它使仇恨性的信息比建设性的信息更难传播。

要在画布上保持一个位置，需要人们充满热情和协调能力。随着画布的发展，一些社区的空间阻碍了其他社区的空间，所以必须对边界进行协商。在旗帜与旗帜相互碰撞的地方，一些社区在二者之间建立了心形桥梁，在心形与自己的旗帜重叠的地方反射出邻居的旗帜颜色。当德国国旗"入侵"法国国旗（大多数红迪网用户将其解释为一个像素化的"第二次世界大战"笑话）时，红迪网用户延伸了法国国旗，并在旗帜交汇处创作了一个联合国的和平鸽标志。就连"蓝色角落""绿色格子"和"彩虹之路"等团体也被允许保留其原有"地产"的一部分，但缩小了规模，为其他团体腾出了空间。

马奇科维奇分析了放置社区与大多数网络言论如此不同的原因，他的结论对每一个参与社交媒体的品牌和公司而言都是一个启示。放置社区中展示出来的网络用户间相互协调的建设性力量，与我们常常在头条新闻中读到的人们在社交媒体中互动的情况完全相反。他解释说："个人社交网络用户可以花时间创建多个账号，并通过情绪攻击和心理攻击对特定的目标进行地毯式轰炸。一个参与放置社区的用户必须花很长一段时间，预先联合一支坚持不懈的'军队'，来服务一个微不足道的像素空间。"虽然在日常的社交网络互动中，人们很容易分享对接收信息的人充满恶意的仇恨信息，但放置社区的实验和红迪网的社区驱动性质，使建设性信息淹没了仇恨信息。

放置社区的实验做到了许多社交网络没有做到的事情：它为人们提供了互动的空间，让他们能够拥抱彼此的共同点、庆祝彼此的差异、放大有建设性的东西、最小化没有建设性的东西。这个愚蠢的愚人节实验不仅实现了所有这些，而且还是在社区不加审查的情况下做到的。因为整个体验是由单个像素组成的，所以"内容"不能轻易地被删除，但它也不必被删除。放置社区确实给定了一些规则，但这些规则非常简单：要有创意、要文明、要遵守网站范围的规则，并且不要发布个人信息。实验的结果不是在平台的强制下或是监督下产出的。这是人们参与该网络结构的有机结果，当然或许也受到了红迪网文化背景的影响。

很多时候，那些针对社交媒体的批评未能认识到其团结人们的力量。不同的社交网络结构孕育出了截然不同的行为和心态。人们如何相互联系，以及如何被定义，会导致人们彼此间的关系发生巨大变化。当我们开始了解社交网络结构中这些经常被忽视的因素是如何影响用户心态的时候，网络问题行为背后的驱动力就会变得更加清晰。当人们是匿名的，围绕他们的共同利益组织起来，被认同为更广泛社区的一部分，并被允许在社区范围内自由表达的时候，他们自然会以积极和建设性的方式进行合作协调。

放置社区的实验，就像红迪网社区本身，体现了右脑的特征，即表现力和探索性。它允许人们在不必关心自己的公众形象的情况下，进行协调和创造。如果放置社区在脸书、推特或照片墙等平台上运行不太可能出现一样的结果。这不是因为人不一样，而是因为他们互动的结构不同。当人们处于代表自己的模式时，我们不能指望他们以最坦率、最脆弱的自我参与进来。同样，当人们处于探索和坦诚的模式中时，我们不应该指望他们的行为和表达方式与基于现实身份的表达方式一样。

这两种截然不同的参与模式之间的断层，是我们在社交网络中看到的许多问题行为的原因。当推特上的一位匿名用户向一个代表自己和自己信仰的人发送了一条刻薄的内容时，左右脑模式之间就会产生冲突。刻薄内容的发送者直接参与别人对内容接收者表征的体验中。但因为接收者处于一种代表自己身份的模式中，所以信息会令人感觉尤其尖酸。尽管发送者有可能是在攻击一个想法，但接收者感觉是受到了人身攻击。推特和照片墙这样的超我网络充满了这种观点冲突，因为它们允许基于现实身份的用户和匿名用户在同一个空间中进行交互。处于匿名的时候，人更容易变得坦诚和诚实，也更容易变得令人讨厌且充满恶意。与代表着自己身份的用户相比，匿名用户更容易摆脱针对自己的恶意。

即使事情进展顺利，左脑自我网络和超我网络也常常因为其充满了自说自话的回声室而受到批评。但自我网络和超我网络上充满了人们自我表征之间的互动，所以回声室的存在也是情有可原的。人们会很自然地吸引那些与自己表征相一致的表征。除此之外，大多数左脑网络在设计上其实就是为了创建"回声室"。它们的算法旨在找到个人用户最有可能参与的内容。除了那些让人深感愤怒的内容之外，我们最有可能参与的内容是我们认同的内容。

只有当我们相信回声室真实、全面地体现了外部世界时，这才是一个问题。社交网络本身并不是一个问题，问题在于我们如何理解它。动态推送中如果充满我们喜欢的东西，这可能是一件美妙的事情。但是，就像我们不会靠只吃糖果来茁壮成长一样，我们也需要让自己接触一些与我们个人信仰不一致的内容。像红迪网这样的右脑网络以及其他围绕兴趣建立的网络社区，在很多方面都是回声室问题的解药，因为它们将社区层面的观点置于个人观点之上。毋庸置疑，社交网络有能力通过专门为个人策划内容来创造回音室，但它也有能力让人们接触到在日常生活中不太可能遇到的新的或是不同的观点。

品牌们基本上都偏向于参与左脑网络，并在左脑网络中投入更多广告支出。而由于脸书、照片墙和推特拥有最发达的社交广告平台，所以这似乎也是合乎逻辑的。品牌参与这些左脑网络的重要性是不可否认的。它们帮助品牌提升正统性、为品牌建立"已知领域"、帮助品牌针对非常具体的人群。如果品牌做得好，品牌还能通过粉丝的支持扩大其影响力等。然而，当品牌尝试着融入文化，增加新的品牌粉丝并改变更广泛的品牌认知时，品牌也必须想办法让人们参与右脑网络。

诚然，参与右脑社区的品牌取得的成绩参差不齐。有时，像优衣库这样的"异类"品牌在社区中变得如此不可或缺，以至于他们像社区成员一样受到欢迎。更多的时候，品牌会收到负面反馈，或者因为自我推销而被禁止发言，或者根本无法产生影响。我们所学到的处理左脑社交网络的方法通常不能转化为右脑网络的成功。当品牌想要参与右脑网络时，它需要了解这个社区并解决社区问题，而不是把自己作为品牌个体，向其他个人用户展示自己。

之前提到的在右脑本我网络中获得成功的品牌例子里，我们研究了诸如安奇的"卡兹莫迷失于红迪网"、奥迪的"更快地思考"以及嘉信理财的开放式线索等活动中的经验。这些经验的一个共同点是，他们依赖社区来创造趣味和意义。单机版"卡兹莫迷失于红迪网"不会有任何乐趣。奥迪的"问我任何事 – 更快地思考"系列仅在有很多人提出有趣问题时才会有效果。只有当有人提供了有趣的或是有见地的观点时，开放式线索活动才有意义。

创造一些可探索的东西来吸引人们的右脑

一个品牌吸引社区的另一种方法，是为社区提供对社区而言有趣以及有价值的工具。这样做，品牌可以用一种不引人注意的方式为社区增加价值，同时也使社区成员能够一起做更多事情。放置社区的实验激发了 Adobe 与红迪网的整合，名为图层社区（r/Layer），于 2019 年 9 月推出。图层社区的活动其实是一种在 Adobe 的 Photoshop 上使用"图层"来创建图像的一种玩法，开始时和图层社区的空白画布有些类似。但是，红迪网用户得到的不是可供自己放置的单个像素，而是一套简单的绘画工具，他们用这些工具为一个巨大的团体绘画作品提供图层，有点像一个巨大的数字涂鸦墙。

在 5 天的时间里，超过 15 万幅独特的图画出现在图层社区，从专业艺术到模因再到对放置社区的引用，甚至"蓝色角落"也出现了！虽然创作过程并不完全依赖于社区——每一层都可以被认为是个人用户自己成品——但在整个活动过程中，不同的图层相互叠加。当一个红迪网用户开始在画布的顶部绘制一条柏油路时，其他人帮助他绘制了它的基础设施，很快就在整个画布上创建了一条高速公路。红迪网用户们还绘制出了表现兴趣、模因等的东西——运动鞋、游戏角色、《荒岛余生》（Castaway）中的威尔逊、《一家之主》（King of the Hill）中的鲍比、《怪物公司》（Monsters Inc.）中的大眼仔迈克、韩国跑男（Running Man）的标志等。

放置社区的活动不仅在其指定的社区中引发了大家的讨论，关于放置社区的讨论还延伸到红迪网中的其他社区，以及红迪网以外的地方。它出现在"了解你的模因网"上，一些关于这个活动的延时摄影视频也在油管上有机地出现。一些创作者甚至制作了教程来帮助新参与者学习如何使用这些工具。这种体验不仅创造了一个可以被讲述的故事，它创造了许多故事。红迪网上的社区用户不仅参与了这次活动，还把他们的画作带回了激发他们灵感的社区。有机帖子登上了红迪网各种子板块的顶端。例如，像《群星》社区（r/Stellaris）这样的游戏社区、像葡萄牙社区（r/Portugal）这样的基于地理位置的社区、像表情包粘贴社区（r/EmojiPasta）（类似于之前说的复制粘贴，但内容带有表情符号）这样的模因社区、像绿日社区（r/Greenday）这样的音乐社区。

Adobe 在此活动中的角色与它之前参与其他社交网络的方式截然不同，它出色地执行了此次活动。活动开始前，Adobe 推广了一些它与著名的动图制作者 u/hero0fwar 共同创建的动图，u/hero0fwar 是高质量动图社区（r/HighQualityGifs）和反应动图社区（r/reactiongifs）等有影响力的红迪网社区的版主。Adobe 提供了非常适合红迪网生态系统的内容，并且 Adobe 还因此能够向红迪网中罕见的影响者借用知名度。Adobe 也使用了传统的广告空间，围绕此活动进行广告宣传，但这些广告并不具有侵入性。在这样做的时候，该品牌没有辜负其创意倡导者的身份，使一个庞大的社区能够共同创造一些东西。

这些品牌成功吸引右脑社区的活动经验往往与我们平时所接受的"社交媒体最佳实践"相反。它们并不简短，也不适合做成 6 秒的视频片段。通常，它们甚至都不具有时间敏感性。它们是深刻的、富有表现力的、大家共享的。它们使人们能够将自己的价值注入体验中，从而创造出有趣的故事。作为品牌，我们不能不好好保护自己，因为这些开放式的参与会让我们感到特别脆弱。但我们也必须认识到，无论我们是否承认，品牌本身和品牌价值都是品牌与周围文化共同创造的。当参与社交媒体时，无论我们是处于右脑空间还是左脑空间，我们都需要拥抱这种开放式的动力，而不是与之抗争。否则，我们就有可能会变得陈旧、停滞和脱节。

社交媒体促使品牌变得更加透明——它要求品牌言行一致

社交媒体正在快速地改变我们的行业。在许多方面，改变都已经发生了，但我们才刚刚开始感受到品牌与受众的沟通方式发生了变化。社交媒体促使我们更加了解自己的品牌，以及其在人们生活中的作用。它迫使我们用比任何营销渠道都更加具体和直接的方式，面对受众的反应和表达。社交媒体向我们展示了各种各样的受众，它要求我们了解这些不同个体间的细微差别，从而使我们能够有效地接触到他们。

从最早的社交媒体策略开始，我们就明白，用"配套行李"

的方式来构建活动是错误的。我们知道，我们品牌的电视广告并不能很好地吸引脸书和推特上的人，但我们很少阐明其背后的原因。随着我们对如何在不同网络空间接触不同受众的理解不断加深，我们比以往任何时候都更需要认识到，社交媒体平台不仅仅是网站，也可能是智能手机上的应用程序。社交网络是真实的、有形的。它们是人们表达和表现自己的环境，体现了人们如何看待自己以及自己周围的世界，并且发展着他们内部的社会规范和文化。人们不是在简单地"上"网，而是深入地参与其中。

虽然社交媒体给人的感觉一直在变化，社交媒体文化也处于快速发展中，但许多核心营销策略仍然是适用的。在某些方面，社交媒体将我们推回到最基础的创意思路中：创造有价值的东西，把它展示给那些会发现它的价值的人，保持品牌的一致性，言行一致，兑现承诺。品牌宣传电视化时代让品牌与观众间保持一定距离，但现在，品牌更应该去寻求和它希望联系的受众之间的近距离接触。所以，我们的行业被迫节省这一块的开支，放弃品牌在真空中的宝贵地位，变得真实、自知、接地气，并找到与人们联系的真正节点。社交媒体对我们的行业而言是一个非常有必要的现实检查。它不一定会淘汰传统品牌，但它一定会奖励那些有着以自我（和文化）意识为基础的策略的品牌。

广告和营销在互联网上不是什么好词。虽然我们已经简单地接受了与受众的这种对立关系，但其背后的原因不仅仅是"因为人们讨厌广告"。2016年的一项调查显示，83%的互联网用户认同并非所有广告都是不好的，他们只想屏蔽那些令人讨厌的广告。另外，有77%的人认为，如果可以选择，他们更愿意过滤广告，而不是完全屏蔽它们。品牌和广告对于增加人们的网络体验具有真正的价值的。

不幸的是，我们的广告商已经和观众的注意力进行了一场进化竞赛。品牌继续在每个页面上放置更多的广告，并且想方设法地让这些广告更响、更亮、更闪，也更碍眼。在上述的调查中，91% 的受访者认为，与 2013 年和 2014 年的广告相比，现在的广告更具侵入性；87% 的受访者表示总体上他们看到了越来越多的广告。营销人员和受众之间的这种关系是不堪一击的。我们不能靠袭击观众的注意力或是靠劫持趋势来建立品牌。我们应该通过向那些能够发现我们价值的人展示我们的价值，从而建立品牌。

在这本书的最后，我想挑战一下我们的行业，思考一下那些能够向左脑讲故事的右脑行为。我们在这个世界上的行为方式是否与我们品牌的定位以及品牌带给人们的价值相一致？我们可以在世界上表现出哪些行为，来为我们的受众提供真正的价值？一旦我们回答了这些问题，我们讲述的故事就会变得更加真实。当我们停止袭击观众的注意力时，他们就会放下戒备。我们可以在互相提供价值的基础上，重建我们的关系。

作为营销人员，我们拥有大量的资金来表达我们所代表的品牌的价值。如果我们的目标是要改变人们对我们品牌的看法，仅仅讲述一个故事是不够的。如果故事与受众以及他们所参与的文化是脱节的，那即使我们花掉了世界上的所有制作预算，我们做出的广告仍然是无效的。如果我们真的想最大限度地利用营销预算，并改变人们对品牌的看法，那我们需要生动地表达我们希望品牌所体现出的东西。这样一来，品牌就超越了透明度，进入了在社交媒体时代真正受观众喜欢的内容领域。所说即所做，所做即所说——这是人们对别人的期望，也是建立信任的唯一可持续方式。

对我们来说，幸运的是，互联网为品牌提供了一块广阔的画布，让品牌能够为用户创造体验，并用吸引人的方式表现自己。我们可能会发现受众处于纯粹的自我表达以及好奇探索的模式中，如果是这样，我们可以在其中为他们提供可供探索的体验，与那些自然形成的社区互动，顺应人们的创造力。我们可能会在公开地展示自我的空间中找到我们的观众，这样的话，我们可以在其中帮助他们表达这些表征，同时使用充满激励性或是真正与他们相关的方式展现我们的品牌，并促进人与人之间的相互联系。

寻找人们重视的东西，试着理解他们为什么重视它，创造出他们真正喜欢的东西。然后，讲述关于它的故事。

致谢

从我记事起，我就有幸被那些热衷于有趣想法的人们包围着。我非常感激在生命中的大部分时间里，我都在和这些能够鼓舞人心、充满动力与好奇心的人相处。这本书代表了我为了延续这种对有趣想法的热爱，而做的最好尝试。

感谢我的教授们和老师们，布雷特·德斯诺耶（Brett Desnoyer）、杰瑞·博伊尔（Jerry Boyle）、吉姆·格克（Jim Gerker）、马克·劳瑞（Mark Laury）、安德鲁·施密特（Andrew Schmitt）、迈克尔·安东尼（Michael Anthony）、帕梅拉·莫里斯（Pamela Morris），等等，感谢你们向我介绍了启发此书灵感的一些思想和思想家。

感谢我工作上的导师们和同事们，凯利·索特（Kelly Sauter），罗恩·卡尔普（Ron Culp）、蕾切尔·列维（Rachel Levy）、扎克·雷巴奇（Zac Rybacki）、莉亚·格里顿（Leah Gritton）、杰奎琳·科尔曼（Jacqueline Kohl-mann）、艾比·洛维特（Abby Lovett）、科琳娜·古多维奇（Corinne Gudovic）、本·福斯特（Ben Foster）、乔什·艾哈特（Josh Ehart）、特洛伊·希奇（Troy Hitch），当然不止这些，感谢你们给我机会向你们学习并和你们一起工作。

感谢我的出版团队，尤其是我的编辑凯西·埃布罗（Casey Ebro），感谢你同我一起整理那些有趣的想法并帮助我的作品问世。

感谢启发本书的思想家们以及他们的朋友和家人：西格蒙德·弗洛伊德（Sigmund Freud）、卡尔·荣格（Carl Jung）、约瑟夫·坎贝尔（Joseph Campbell）、乔丹·B·彼得森（Jordan B. Peterson）、理查德·道金斯（Richard Dawkins）、伊恩·麦吉尔克里斯特（Iain McGilchrist）。你们对探寻隐藏在表面之下的真相所做出的贡献，不断激励着一代又一代充满好奇的探究者。声明的篇幅有限，但我要感谢的人远不止于此。